橡胶膜型干式煤气柜

谷中秀 著

U0316049

北 京

冶金工业出版社

2010

内 容 提 要

本书介绍了橡胶膜型煤气柜的构造和使用条件，通过设计示例分步介绍了橡胶膜型干式煤气柜的设计计算，详细介绍了橡胶膜型煤气柜的安装要领和试运转要领，最后分析了第二代橡胶膜型煤气柜的特征。

本书可供煤气柜领域从事设计、制造、施工、运行工作的工程技术人员阅读，也可作为高等院校能源专业的师生参考用书。

图书在版编目（CIP）数据

橡胶膜型干式煤气柜/谷中秀著 . —北京：冶金工业出版社，2010.7

ISBN 978-7-5024-5285-8

Ⅰ.①橡… Ⅱ.①谷… Ⅲ.①橡胶—干式—煤气储罐 Ⅳ.①TQ547.9

中国版本图书馆 CIP 数据核字（2010）第 127581 号

出 版 人　曹胜利
地　　址　北京北河沿大街嵩祝院北巷 39 号，邮编 100009
电　　话　(010)64027926　电子信箱　yjcbs@ cnmip. com. cn
责任编辑　刘小峰　美术编辑　李　新　版式设计　孙跃红
责任校对　石　静　责任印制　牛晓波
ISBN 978-7-5024-5285-8
北京百善印刷厂印刷；冶金工业出版社发行；各地新华书店经销
2010 年 7 月第 1 版，2010 年 7 月第 1 次印刷
148mm×210mm；6.875 印张；204 千字；207 页
35.00 元
冶金工业出版社发行部　电话：(010)64044283　传真：(010)64027893
冶金书店　地址：北京东四西大街 46 号(100711)　电话：(010)65289081
（本书如有印装质量问题，本社发行部负责退换）

前　言

橡胶膜型干式煤气柜是解决煤气产销间气量不平衡的一个重要转换设备。钢铁厂转炉炼钢过程不均匀间歇产生煤气，转炉煤气产气量波动大、温度高达 72℃、含尘量达 $100mg/m^3$（标态），不适合于采用干油润滑的科隆型（Klonne 型）和稀油润滑的曼型（M. A. N 型）及 COS 型、POC 型、KMW 型煤气柜，要想将转炉煤气作为能源气体连续地供给下游用户，就必须建立橡胶膜型煤气柜。至于转炉煤气进一步的降温、降尘加工，在煤气柜之后解决，只有避开断续的大煤气流量，对降温、降尘装置来说才是经济的和安全的。

我国橡胶膜型干式煤气柜的开发始于 1985 年，在宝钢引进日本设备的基础上，在"摸着石头过河"的状态下，最早诞生的是 3 万 m^3 的煤气柜。这是我国第一个独立自主设计的橡胶膜型煤气柜。随着它在昆钢和重钢的顺利投产，我们才有了底气。之后，于 1987 年我们又为宝钢一炼钢设计了 8 万 m^3 的 2 号转炉煤气柜，并与日本设计的 1 号转炉煤气柜进行了两柜串联扩容设计，以应对转炉煤气产率超出原先设计值而出现的困境。其运行过程达到自动化程序运行，这在世界上都是独创性的。1995 年设计的 5 万 m^3 煤气柜时我们已进步到可以多方案优选了。在此后闲暇时，作者对 15 万 m^3 煤气柜进行了技术探索，虽说是纸上谈兵，但本书愿意把它奉献出来供同行参考，有待同行业者再进一步完善、改进它。以上的橡胶膜型煤气柜还基本上属于第一代型，即橡胶膜型煤气柜的性能特征是"三无"型（即无动力消耗、无润滑油消耗、无人操作型）。2006 年，作者有幸主持和参与中石油华东院吉林分院开展 2 万 m³ 及 3 万 m³ 橡胶膜型煤气柜设计，在设计过程中进行了大的"外科手术"，达到"六无"型（即无动力消耗、无油润滑、无人操作、无水消耗、柜顶无积雪障碍、柜体检修活塞下无中央支柱），形成了全新的一代（第二代）产品，比已往更加省能、省力、省维护，而且均已顺利投产。它的特征之一是柜本体屋顶是光滑的，无调平装置的钢绳、滑轮、支架等造成积雪的障碍物，这为它今后利用太阳能发电安设光伏板创造了条件。橡胶膜型煤气柜的屋顶表面积约为同容积的新型煤气柜的 1.7 倍，开发太阳能发电将会带来利好的前景。

　　本书对橡胶膜型干式煤气柜进行论述，它是属于无油润滑型，它的柜后剩余压力低、几乎无法向用户不经加压直供，它的调峰能耗大，使用寿命较新型煤气柜短，不适合用于民用领域。至于稀油润滑型的新型干式煤气柜，将在同时出版的《新型干式煤气柜》（冶金工业出版社）一书中专门论述。

　　本书为从事橡胶膜型干式煤气柜的设计、制造、施工、运行的工程技术人员提供参考，也对高校能源储存领域学科拓宽有所帮助，它将对煤气柜的技术进步注入活力因素。作为"抛砖"之作的目的，是希望同行业者今后能不断地创新、完善。

　　本书如有不妥之处，诚恳地期待各位读者不吝赐教。

谷中秀

2010 年 3 月

目　　录

1 橡胶膜型干式煤气柜的简述

1.1 橡胶膜型煤气柜的发展

橡胶膜型煤气柜，过去也有称之为布帘式煤气柜。其早期代表柜型为威金斯（Wiggins）型，威金斯型煤气柜是 1947 年由美国人威金斯（Wiggins）发明，这种煤气柜在美国建造得比较多，该型煤气柜的最大容量发展到 14 万 m^3。

1955 年日本月岛机械株式会社对威金斯型煤气柜做了两点改造，即设置密封橡胶膜的防磨损装置和维持活塞防歪斜的装置，于是发展到月岛—威金斯型煤气柜。该种煤气柜是一种无油润滑、无动力消耗、无人看管的省能省力的干式煤气储存设备。

叫做布帘式煤气柜也很形象，如果一个筒形状的布帘的下端连接活塞的挡板，布帘的上端连接煤气柜的侧板，那么当煤气以有压状态充入时，活塞机构则上浮，而布帘也跟着受煤气压力而上卷，那么这就是一段式的煤气柜。严格地来说叫布帘还不够确切，因为这个帘子不是布做的，而是具有内外两层不同性能的橡胶贴合而成的薄膜（内层要耐煤气耐油腐蚀，外层要耐空气老化）。

随着煤气储存容积的增加，而筒形状的布帘的高度又受到限制，那么只好在活塞与侧板之间串接一个套筒（Telescoping Fender，或叫 T 挡板），而套筒与侧板间用外橡胶膜筒来连接，套筒与活塞的挡板之间用内橡胶膜筒来连接，那么这就是两段式的煤气柜。

1985 年后我国自主地开发过 3 万 m^3、5 万 m^3、8 万 m^3 这三型橡胶膜型煤气柜，又将宝钢的两个 8 万 m^3 橡胶膜型煤气柜给予串联扩容并实行自动程序联动。这个在国际上的禁区被我们突破了，从而我国在橡胶膜型煤气柜的技术水平上走进了世界的前列。

1.2 橡胶膜型煤气柜的特点

橡胶膜型煤气柜具有以下特点:

(1) 采用无油润滑。由于采用无油润滑的方式,它适于储存煤气的温度高,最高温度可达 +70℃。另外,它适用于储存煤气的含尘量高,可允许进入其内的煤气含尘量高达 100mg/m³(标态),即折合成标准状态下每 1m³ 煤气的含尘量可达 100mg。

(2) 升速高。其允许的最大上升速度可达 5m/min,这是其他形式的干式煤气柜无法与之相比的。

(3) 无动力消耗。由于该型煤气柜在运行过程中无需动力设备,于是也无需设专人看管,因此该型煤气柜是一种省能省力的煤气储藏设备。

(4) 储藏煤气压力较低。该型煤气柜的外形属矮胖型,其高径比约为 0.75 左右,不像瘦高型的新型煤气柜(其高径比约为 1.6 左右)。这种柜型注定了它承受的煤气压力不能太高,承受煤气压力高了反而会影响其经济性。其适用的储藏煤气压力约 3kPa(300mm 水柱),从文献记载来看其最高储藏煤气压力在国外曾达到 6.5kPa(650mm 水柱)。另外,橡胶薄膜的承压性能及密封机构的气密性也是限制储藏煤气压力升高的因素。

(5) 储藏过程中储气压力有一定波动。该型煤气柜储气压力的波动值在 0.4～0.8kPa(40～80mm 水柱)之间,气柜容量小波动值就较大,气柜容量大波动值就较小。相对于新型煤气柜的储气压力波动值(低于 ±0.2kPa)来说,该型煤气柜的储气压力波动值略高。

(6) 单位容积的耗钢量。以 8 万 m³ 的橡胶膜型煤气柜为例,其单位容积的耗钢量约为 19.1kg/m³,远大于新型煤气柜。就单纯以柜本体重量这个指标来衡量,该型煤气柜的经济性并不占优,对于 10 万 m³ 的新型煤气柜、曼型煤气柜来说,单位容积的耗钢量分别为 16.2kg/m³ 和 16.9kg/m³。

(7) 煤气柜的使用寿命。该型煤气柜的使用寿命取决于橡胶薄膜的耐折叠次数。对于设有 3 座转炉同时吹炼 2 座的炼钢厂,与之适配的橡胶薄膜型干式煤气柜,当橡胶薄膜的往返折叠次数累计能达至72 万次时,该型煤气柜的使用寿命将达到 15 年。目前国内产品能满足这个要求。相对于新型煤气柜的使用寿命(大于 20 年)来说,该型煤气柜要短一些。

1.3 橡胶膜型煤气柜在钢铁工业中的应用

1.3.1 转炉煤气利用的经济效益与环保效益

转炉煤气的热量约占钢铁厂自产气体燃料总热量的 6%,折合每吨钢产生 21kg 标准煤的热量。以 100 万 t 规模的钢铁厂为例,靠回收转炉煤气每年折合成标准煤约为 21000t。若以回收的转炉煤气置换出焦炉煤气来发展民用煤气时,以 100 万 t 规模的钢铁厂为例,可使 34000 户的家庭烧上煤气。

若转炉煤气不利用直接排放到大气中时,其排放时的含尘量标准为 $100mg/m^3$(标态),而作为合格煤气利用时其含尘量标准为 $20mg/m^3$(标态),以 100 万 t 规模的钢铁厂为例,当回收利用转炉煤气时,每年可减少向大气中排放粉尘 5.8t,这就改善了环境空气的条件,同时改善了空气的清洁度。

因此,实行转炉煤气回收利用,在经济效益和环保效益上均能获得好的成果。

1.3.2 转炉煤气利用的途径

转炉炼钢的间歇生产与转炉煤气用户的连续使用,造成了转炉煤气生产和使用的矛盾。为了调合这一对矛盾,就必然要建立转炉煤气柜。

当转炉停止吹炼时,转炉煤气也就停止发生,为了使转炉煤气的用户不受连带的影响,就必须开通以高炉煤气和焦炉煤气合成转炉煤气的途径,以保证转炉煤气用户不受转炉停产的影响,而且热制度也几乎不受什么影响。

只有成功地解决了上述两点,转炉煤气的回收利用才能走上健康之路。

1.3.3　转炉煤气柜的选型

转炉煤气柜的选型显然应该适合于转炉煤气的特点。转炉煤气的特点现剖析如下：

（1）间歇产气。转炉煤气是铁水吹氧过程中的产物，由于炼钢的吹炼过程是周期性的间歇操作，故转炉煤气的产气过程也是周期性的间歇产气。产气的波动也大，最大的转炉煤气瞬时发生量约为平均转炉煤气输出量的 3.6 倍。

（2）入柜前煤气压力为 3.0kPa（约 300mm 水柱）左右。

（3）入柜前煤气含尘量不大于 $100mg/m^3$（标态）。

（4）入柜前煤气温度低于 70℃，为饱和湿度。

从上述转炉煤气的特点来看，橡胶膜型干式煤气柜能与之配套。

日本的威金斯型煤气柜用在钢铁工业上起步于 1967 年，至今已发展成为用于回收转炉煤气的一种特定的柜型。在日本，用湿式煤气柜回收转炉煤气已是 1974 年以前的事了，1974 年以后已不再新建湿式煤气柜用于回收转炉煤气，已建的湿式煤气柜大部分已停用淘汰，在回收转炉煤气方面，橡胶膜型煤气柜已取代了湿式煤气柜。

2 橡胶膜型煤气柜主要构件简述

2.1 柜本体综述

柜本体的立面图见图 2-1。

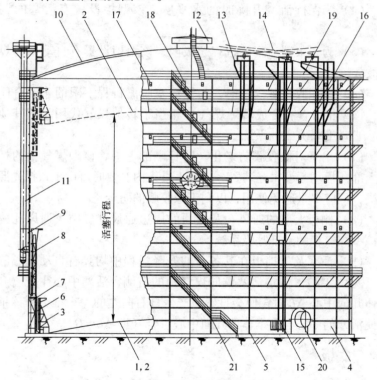

图 2-1　柜本体立面图

1—底板；2—活塞板；3—活塞挡板；4—侧板；5—立柱；6—内橡胶膜；
7—T 挡板支架；8—T 挡板；9—外橡胶膜；10—屋顶板、梁；11—煤气
事故放散管；12—中央通风孔；13—调平装置支架；14—调平装置钢绳；
15—调平装置配重导轨；16—防风梁；17—侧板通风孔；18—进入
气柜内的门；19—回廊；20—煤气入口管；21—外部楼梯

柜本体的特点为:

(1) 柜本体形态呈矮胖型,其侧板的高度与直径的比值(高径比)约为 0.75 左右。从该形态上来分析与新型干式煤气柜相比,其单位容积的耗钢量要大些,所承受的煤气压力要小些。

(2) 该型柜无油润滑系统,无内外部电梯,故其无动力消耗。

(3) 具有卷上及卷下的内外橡胶膜及活塞挡板和 T 挡板的活动体,构成了煤气柜活塞的行程变化,从而改变着煤气储存容积的变动。

(4) 为保持活塞升降时的水平度,该型柜设置有活塞的调平装置。

(5) 为了限制活塞的行程超极限,该型柜设置有自动型的煤气事故放散管。

(6) 当回收转炉煤气时,为使活塞脱离行程下限的非安全区运行,该型柜设置有合成转炉煤气(相当于转炉煤气代用品的其他气源)自动变量充入的系统。

(7) 出于对橡胶膜防老化、防日晒的考虑,该型煤气柜的柜顶与上部侧板均不设采光装置。检修人员入内必要时可由柜顶投光照明解决,但应尽量避免使用,以利于橡胶膜的防老化。

(8) 侧板上部的通风孔及屋顶的周边通风孔、中央通风孔构成了该型煤气柜的上部呼吸系统。

(9) 活塞及 T 挡板在其各自的升降过程中均具有自动调心的机能(见图 2-2)。假定活塞偏向煤气柜的右侧,活塞中心往右离开柜本体几何中心 ΔL 时,便会自然地产生自右向左的一个推力,该推力会使活塞的中心与柜本体的几何中心重合(即 $\Delta L \approx O$)。

2.2 底板

底板分为中央部分和环状部分。

底板的中央部分采用 4.5mm 的钢板进行搭接焊接,搭接宽度一般为 30mm,最厚处是三块板叠在一处的焊接,此处要求三叠板中的一层需切角焊接(图 2-3)。底板的中央部分要做成圆拱形,紧贴基础面(基础面的该部分也是同样的圆拱形),以便当活塞板着陆时叠

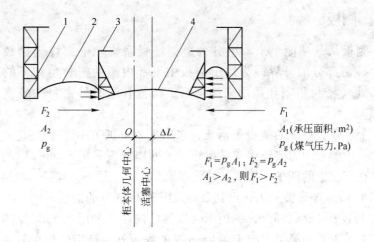

图 2-2　自动调心原理

1—T 挡板；2—橡胶膜；3—活塞挡板；4—活塞

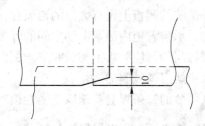

图 2-3　底板切角焊接示意图

合在底板上（活塞板也做成同样的圆拱形）。

底板的环状部分采用 6mm 的钢板，环状部分的内圈采用搭接焊接，最外圈采用对接焊接。环状部分的敷设自内向外有一定的坡度（1/60），以便于排水。

底板的敷设方式、顺序及焊接程序要有利于抑制焊后收缩、变位及煤气冷凝水的流畅排出。

底板的上面（与煤气接触的一面）涂焦油树脂，底板的底面（与混凝土基础接触的一面）涂焦油沥青，搭接的部位不涂。

底板焊缝的气密性要逐条进行真空试验的检查。

2.3 侧板

侧板从其功能上来看可分为上部呼吸系统和下部煤气储藏部分。该两部分的分界线为焊于侧板中下部内侧的密封角钢环的下表面处（密封角钢环是用来连接当 T 挡板着陆时外密封橡胶膜的顶端）。

上部呼吸系统的侧板不承压，采用 3.2mm 厚的钢板。只是最顶上的一段侧板因为要连接支承屋顶梁的外周环板采用了 6mm 厚的钢板并在有配重的调平支架通过处局部给予加固。另外，其下一段侧板采用 4.5mm 厚过渡一下，再其余的采用 3.2mm 厚的钢板。

下部煤气储藏部分，侧板承受煤气的内压，采用 4.5mm 厚的钢板，只是下数的第 1 段出于与 6mm 厚的底板外周环板的焊接需要也采用了 6mm 厚的钢板。

每一段侧板的外面附有加强筋环，侧板间采用搭接焊。

处于上部呼吸系统的侧板上设有大量的通风孔，与屋顶周边的通风孔和中央通风孔，承担着柜内活塞上部空间的呼吸换气功能。在上部呼吸系统处于楼梯间的每段侧板上均设有进入柜内的门，该门经常处于关闭状态，以免妨碍橡胶膜的运行。

下部煤气储藏部分的每条焊缝要施以气密性检查。

2.4 活塞板、活塞挡板与临时活塞支柱

活塞板全部采用 4.5mm 厚的钢板进行搭接焊接。活塞板也分中央部分和环状部分，中央部分做成与底板相同形状的圆拱形，只不过搭接的方式和施焊部位不同，如图 2-4 所示。像图 2-4a 那样的搭接，底板上面的煤气冷凝水排出就流畅一些。而活塞板的上面就不同了，采用图 2-4b 那样的搭接一方面施焊方便，另一方面有防滑防滚落的作用。另一个不同就是三叠板处要求局部双面焊接，见图 2-5。

活塞板承受着交变载荷和局部载荷，对于同样的板厚却承受着比底板还大的载荷的活塞板来说，在三叠板的交汇处给予焊接强化，这属势在必需。

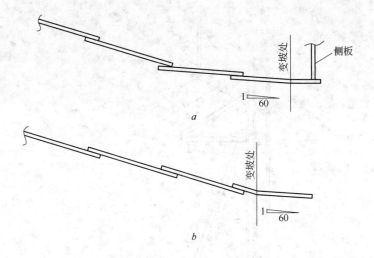

图 2-4 底板和活塞板的径向搭接

a—底板的径向搭接；b—活塞板的径向搭接

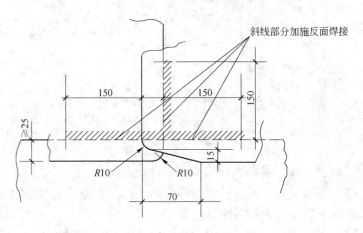

图 2-5 局部双面焊接

活塞挡板见图 2-6。

活塞挡板由以下结构组成：

（1）上部走台。构成了环状结构，维系着活塞挡板的顶部刚性，附有护栏。

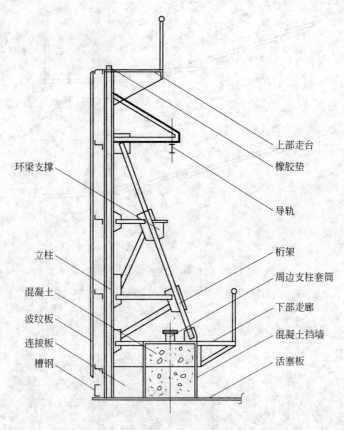

上部走台

橡胶垫

导轨

桁架

周边支柱套筒

下部走廊

混凝土挡墙

活塞板

环梁支撑

立柱

混凝土

波纹板

连接板

槽钢

图 2-6　活塞挡板

（2）橡胶垫。缓冲当顶起 T 挡板时出现的撞击。

（3）环梁支撑。系支撑中部环梁的构件，中部环梁系桁架结构，维系着活塞挡板的中部刚性。

（4）下部走廊。围成一圈，为人行通道，附有护栏。

（5）混凝土挡墙。挡墙的断面尺寸要与作为死配重用混凝土的体积相适应，不可做得过大，以免无谓地增加柜本体的重量，以致经济性能降低。

若混凝土挡墙内设有钢筋，只作为护板用的挡墙壁厚可选用 3.2mm 的钢板。若混凝土挡墙内不设钢筋，作为承载的刚性挡墙的壁厚可选用6~8mm的钢板。

（6）素混凝土。应按设计规定的比例准确称重配制。浇灌时注意捣实，不允许有空洞出现。浇灌的上表面要预先划好线，浇灌高度要控制在划线的高度。要控制在每两相邻活塞挡板立柱间浇灌的素混凝土的重量均相等，只有这样才能使活塞升降平稳。

（7）连接板。深入混凝土挡墙内，使立柱的根部得以加强，即使立柱的下部与混凝土挡墙连结成一个刚性体。

（8）槽钢。成环形，连接内橡胶膜筒的钢构件。

（9）波纹板。因该处处于内橡胶膜筒的折皱区，故设波纹板（从上往下看成波纹状）与之相适应。

（10）导轨。成一圈，安设起吊周边支柱的手动葫芦。

（11）周边支柱套筒。穿过混凝土挡墙，固定活塞的周边支柱用，平时用盖板封死。

以前设计的临时活塞支柱见图2-7。只有当活塞板检修或底板清

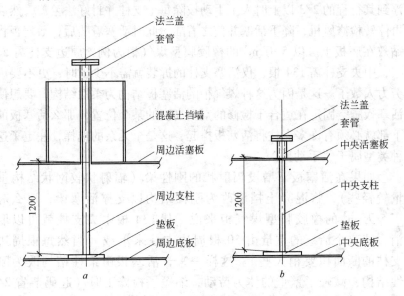

图2-7 临时活塞支柱

a—周边支柱；b—中央支柱

灰时临时活塞支柱才使用。正常操作时，临时活塞支柱均布摆放在活塞板上。当检修或清灰时，利用检修风机将活塞上浮，在活塞处于上浮状态且柜内储容量超过额定柜容量2/3时，检修人员才逐个地打开临时活塞支柱套管上的法兰盖，然后再安上另外带有法兰盖的活塞支柱并拧紧法兰上的螺栓。临时活塞支柱分两种规格：一种是周边支柱（图2-7a），因为要穿过混凝土挡墙，该型支柱使用的钢管要粗一些，较长也较重些，所以利用挂在环形导轨上的起吊葫芦来安设；另一种是中央支柱（图2-7b），该型支柱使用的钢管要细一些，较短也较轻些，采用人工徒手安设。因为底板的周边部分有坡度和中央部分有弧度，所以临时活塞支柱的下端要切角与之相适应。活塞支柱在安装时具有方向性，要想支柱的安装不出现差错，在每个支柱的法兰盖上要有指向煤气柜中心的箭头表示。另外，还要有定位销来定位（法兰上有通过定位销的销孔），待全部周边支柱和中央支柱安好后，停转检修风机，降下活塞并使之着陆，活塞着陆后维持的检修空间高度为1.2m。检修或清灰完后，重新利用检修风机使活塞上浮，待活塞上浮到其行程的2/3以上时人工手动拔除每个支柱并封好法兰盖，然后再停转检修风机，降下活塞并使之着陆。此时活塞着陆后，活塞板将贴敷在底板上。以5万m^3的橡胶膜型煤气柜为例，周边支柱需50根，中央支柱需134根，仅活塞支柱的拆装就需不少工时，更不要说劳力人数了。这是因为这种煤气柜的活塞板结构为柔性结构，要想使活塞板腾空固定在适合于检修的空间高度的某个位置，那么活塞板的下部就必须有许多支柱将活塞板撑起，这是个无奈的选择，注定了这种类型属于"手动型"。

　　如果在活塞板下增设辐射状的刚性梁（辐射状较网状结构重量较轻些），将混凝土挡墙改为刚性结构以支撑活塞梁，那么对于5万m^3的橡胶膜型煤气柜来说，其134根中央支柱就可以取消，让整个活塞的重量由50根周边支柱来承载（当然每根周边支柱的断面积要稍大些）。这样一来，活塞板由柔性结构改为刚性结构，减轻了繁重的体力劳动，缩短了检修工时（起码节省24小时），多回收能源，节省钢材。虽然这种改进要多耗约30t钢材，一次投资要稍增加一些，但长年累月算下来却划得来。对于这种类型的煤气柜当属于"半自动型",选择它将是经济实惠的。

谈到了由"手动型"进展到"半自动型",我们还要预测一下它的"全自动型"。如果将下插式的周边支柱改为上顶式的气缸支柱,当煤气柜运行时,让气缸支柱退缩在 T 挡板支架的内侧以外,如图 2-8 所示。当煤气柜检修或清灰时,让气缸支柱移动至活塞混凝土挡墙的下方,检修的空间高度可由 1.2m 提高至高于 1.6m,如图 2-9 所示。这就是所谓的"全自动型"。对于 5 万 m^3 的橡胶膜型煤气柜来说,采用"全自动型"将以 25 根气缸支柱取代"手动型"的 50 根周边支柱和 134 根中央支柱,选择它将收到省时、省力、高效的效果。25 根气缸支柱可同时进退,其滚轮外粘结橡胶层可避免钢与钢摩擦发生火花,气缸支柱的顶端有缓冲用的橡胶垫。采用"全自动型"并不比"半自动型"增加重量,因此对于未来的橡胶膜型煤气柜,其采用"全自动型"的前景看好,特别是对于大容量的煤气柜若采用了"全自动型",更显锦上添花。

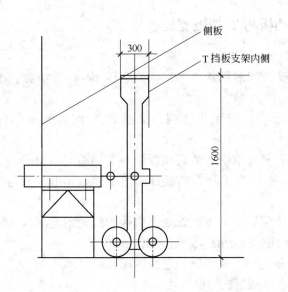

图 2-8 气缸支柱退缩在 T 挡板支架的内侧以外

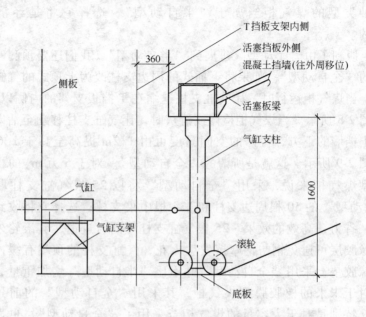

图 2-9　气缸支柱移动至活塞混凝土挡墙的下方

2.5　T 挡板与 T 挡板支架

T 挡板见图 2-10。

T 挡板为伸缩挡板（Telescoping Fender）的简称，由以下结构组成：

（1）走台。成环状结构，维系着 T 挡板的顶部刚性，附有护栏。

（2）顶杆。承受着活塞挡板顶升 T 挡板时的上升力，当活塞挡板上升时，会抬升 T 挡板的顶杆而使 T 挡板抬升，并与活塞挡板一起上升。

（3）内侧护板。因该处处于内橡胶膜筒的伸展区，故设内侧护板以限制内橡胶膜筒的上下卷动时的外半径。

（4）角钢环。成环形，连接内橡胶膜筒的一端（另一端内橡胶膜筒连接在活塞挡板的槽钢处）。

（5）上下部导辊。防止 T 挡板在升降时由于歪斜而发生与侧板

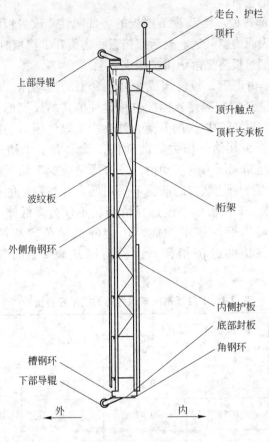

图 2-10　T 挡板

内壁撞击的部件。导辊的外圈粘结有橡胶层。上部导辊的外圈粘结氯丁橡胶（防老化），下部导辊的外圈粘结腈基丁二烯橡胶（耐煤气腐蚀）。

（6）槽钢环。成环形，连接外橡胶膜筒的一端（另一端外橡胶膜筒连接在侧板的角钢环处）。

（7）波纹板。因该处处于外橡胶膜筒的折皱区，故设波纹板（从上往下看成波纹状）与之相适应。

（8）外侧角钢环。既是连接桁架的横向环梁，又是固定（挂、卡）波纹板的构件。

（9）底部封板。维系着 T 挡板的底部刚性。该封板的下表面为煤气区，上表面为空气区。当活塞挡板脱离顶升 T 挡板时，T 挡板将回落，其底部封板将坐落于 T 挡板支架上。

T 挡板是由型钢、板材构成像伸缩套似的活动体。它的下端分别连接着内、外橡胶膜筒，因此也称这种型式的煤气柜为二段式密封的煤气柜。随着 T 挡板的升落，就会产生煤气压力的波动。这种类型的煤气柜，其储气压力的波动值，就取决于 T 挡板的结构重量。为了降低储气压力的波动值，一方面是减少 T 挡板的高度，另一方面是在维持刚性结构的前提下采用低合金高强度的构件以减少 T 挡板的重量。T 挡板的高度选择恰当，不仅会降低储气压力的波动值，改善煤气柜的技术性能，还会降低单位容积的柜本体重量，改善煤气柜的经济指标。这种情况从表 2-1 的数据中可以印证。

表 2-1　T 挡板高度与煤气柜的技术经济指标

柜容积/m³	T 挡板高度 /mm	储气压力波动 /kPa	柜本体重/t	单位容积重量 /kg·m⁻³
30000	10368	0.80	854	28.47
50000	9931	0.42	1084	21.7
80000	12076	0.50	1527	19.1

对于一个创新设计，前期论证至关重要。就 5 万 m³ 橡胶膜型煤气柜来说，其 T 挡板的最后选择高度是从 11 个方案中经过筛选而得出的。小容量的煤气柜的技术经济指标能够逼近或超过大容量的煤气柜的技术经济指标实属难得。

T 挡板随着储存煤气量的增减而在侧板和活塞挡板间的环状空间（宽度为 1.46m）内升降，这不但影响到煤气柜内有效储气空间的减少，也会使煤气柜的侧板直径增加和侧板高度降低。在这种情况下，该型煤气柜的壳体空间利用系数见表 2-2。

表 2-2　橡胶膜型煤气柜的壳体空间利用系数

柜容积/m^3	侧板高（H）/m	活塞行程（S）/m	壳体空间利用系数（S/H）/%
30000	32.81	26.136	79.6
50000	35.491	29.0	81.7
80000	39.07	31.554	80.8

为了避免 T 挡板在升降过程中不发生大的水平晃动，对 T 挡板的构件要求均质就至关重要。各种型钢和板材都有尺寸公差和单重差异，不同的厂家有的维持正公差，有的维持负公差。所以 T 挡板的购材不能选入不同厂家的杂构件，要力争选购同一个厂家同一个批次的型钢和板材，而且焊工施焊用剂也应一致，这部分钢材切忌使用代用品。只有这样，T 挡板在升降过程中才能保持平稳的状态。

检查人员进入煤气柜的路径为：从外部楼梯间的侧板门→T 挡板上部走台→T 挡板竖梯→T 挡板内侧护板门→活塞挡板上部走台→斜梯→活塞板，这是指活塞和 T 挡板均着陆的情况。当活塞和 T 挡板均处于上升时的进入路径为：从外部楼梯间的侧板门→T 挡板上部走台→活塞挡板上部走台→斜梯→活塞板。

T 挡板竖梯在圆周上对称设两处，其中的一处临近侧板门。T 挡板竖梯见图 2-11。

内侧护板搭接焊接，与内橡胶膜筒接触的焊缝表面要求 100%地砂轮打磨，在通过竖梯处要开设通风孔（但又不许橡胶膜嵌入）。

T 挡板支架见图 2-12。

T 挡板支架有两种类型，若 T 挡板支架的外侧正对着柜本体立柱，则内侧支柱可通过连接构件直接与柜本体立柱相连接，如图 2-12a 所示。若 T 挡板支架的外侧是柜本体的侧板，则需设置外侧支柱，内外侧支柱通过连接构件相连接并与柜本体的侧板连接，如图 2-12b 所示。

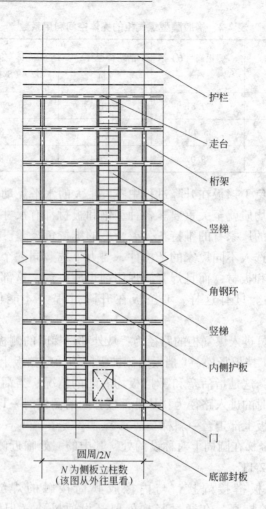

护栏

走台

桁架

竖梯

角钢环

竖梯

内侧护板

门

底部封板

圆周/2N
N 为侧板立柱数
（该图从外往里看）

图 2-11 T 挡板竖梯

T 挡板支架的顶部及中部走台处均有环梁相连接，内侧支柱除有横向系梁连接之外，还间隔地有斜撑连接。即 T 挡板支架为具有整体刚性的环构件。T 挡板支架的个数与 T 挡板的个数相同，即同为柜本体立柱数的 2 倍。

T 挡板着陆面的标高要先行调准，内侧支柱的下端按底板的斜度切角，间隙用垫板调整。T 挡板的着陆处在操作过程中系处于煤气

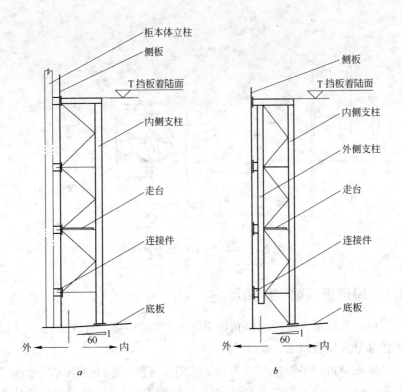

图 2-12 T挡板支架
a—内侧支柱与柜本体立柱连接；b—内侧支柱与柜本体侧板连接

区，已远离了爆炸限，可不考虑软着陆设施。

T挡板支架内设有走台一周，作为点检巡检用。操作人员入内作业前，需待柜内残留煤气处理干净后，打开煤气柜全部下部人孔及煤气紧急放散阀（由自动型改手动型），维持在良好的空气对流环境下方可入内。

煤气出口管要由侧板处一直延伸至T挡板支架的内侧支柱处，并在管口端设置挡块，以防止内橡胶膜被部分地吸入，如图2-13所示。因为煤气出口管道往往连接着煤气加压机的入口，该段管道局部出现负压吸入不是没有可能，而且出口管的管径一般都不小。至于其他煤气入口管道由于没有这种工况发生，也就没有特殊的要求。

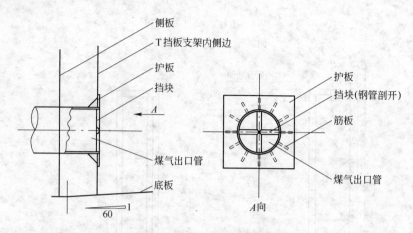

图 2-13　煤气出口管端设置挡块

2.6　屋顶板、梁、屋顶设施

　　屋顶呈拱形，外周起拱角约 20°。屋顶板中央部分 3.2mm，外周环状部分采用板厚 4.5mm。

　　屋顶梁目前多为格网状的骨架结构。这种构造耗钢量大且增加了屋顶荷载。今后可考虑改为辐射状的骨架结构，采用这种构造预计会节约钢材 40%，而且减轻了屋顶荷载。

　　屋顶设施的平面图见图 2-14。屋顶设施包括：

　　（1）中央通风孔，见图 2-15。其一圈内侧板的上部为防鸟网，下部为挡雨板。在斜梯处的内侧板上设有门（同样地上部为防鸟网，下部为挡雨板）。悬挂平台作为超声波柜容计的发信平台并可布设柜内中央区照明用的防爆投光灯若干个。在悬挂平台的斜向的环形部分设有防护网，防护网采用不锈钢丝网。

　　（2）照明灯座。在外周上有若干个，用于对柜内周边部分实施照明。

　　（3）周边通风孔。其个数等于柜本体立柱数。平时做通风用，也可用于临时采光。在安装阶段或在以后更换柜内的内、外橡胶膜筒时作为吊装孔使用。吊装橡胶膜筒用的 5t 手摇卷扬机的钢绳就刚好

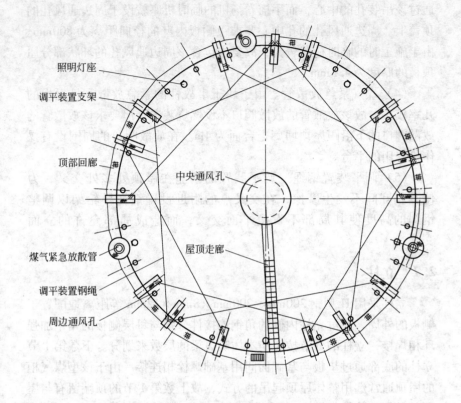

照明灯座
调平装置支架
顶部回廊
中央通风孔
煤气紧急放散管
屋顶走廊
调平装置钢绳
周边通风孔

图 2-14 屋顶设施平面图

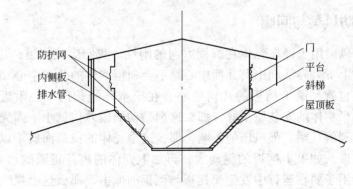

防护网
内侧板
排水管
门
平台
斜梯
屋顶板

图 2-15 中央通风孔

通过该吊装孔的中心，而手摇卷扬机的临时机座就设于周边通风孔的顶盖上。周边通风孔的孔中心要求距侧板内壁的径向距离为 800mm。由于施工时的临时荷载较大，故要求包含该周边通风孔的环状部分屋顶板的厚度为 4.5mm。

（4）煤气紧急放散管。由于属于事故性的紧急放散，且发生的几率较小，故该放散管的放散阀口不设燃烧装置。但要求该放散管的放散阀口的下沿距屋顶回廊走台面为 4m。在放散阀口的周围设有操作检修用的平台。

（5）调平装置钢绳。调平装置的钢绳在屋顶处多处交叉，为使其相互间不发生摩擦，在交叉点的附近设置钢绳导轮架以调整钢绳的高度使其局部不发生平面交叉，而造成局部允许的立面交叉。

2.7 立柱

立柱采用 H 型钢 200mm × 200mm × 8mm × 12mm 等距离地配置于侧板的外周，通过立柱内侧的角钢连接件分别与每层侧板的角钢加强环相焊接，立柱的分节按照柜本体防风梁的层数来划分。下数第 1 节立柱的底部通过垫板与基础面间用基础螺栓相连接。由于该型煤气柜的屋顶通常选用整体屋顶起吊的方式，故上数第 1 节的顶端留有与屋顶起吊杆相连接的螺孔（屋顶起吊杆属特殊安装器具，也选用 H 型钢 200mm × 200mm × 8mm × 12mm）。

2.8 防风梁与回廊

防风梁用于提高壳体在圆周方向的刚性。我们应该知道，T 挡板在其上下升降活动中其几何中心是不会和柜本体的几何中心相重合的，也就是说 T 挡板的几何中心会在柜本体的几何中心附近晃动。如果柜体的安装质量好，那么这个晃动的偏差值就小。而壳体如果受到偏日晒、强风压的影响，那么这个壳体的横截面就难以保持正圆形。如果 T 挡板的晃动大，再加上壳体的离开正圆的形变，那就免不了要在运行中发生 T 挡板与侧板的撞击，那么这个煤气柜的运行工况就恶化了。因此，为了提高壳体在圆周方面的刚性，设置防风梁就甚为必要。防风梁成环状构造，桁架结构，通过与侧板加强筋的连接来增强壳体在圆周方向的刚性。防风梁每层的间隔约为6m。

鉴于橡胶膜型煤气柜从体形上来说属于矮胖型，即它的侧板直径大，另外由于它的高度较低，它的立柱断面就相对小一些。在这种情况下，构筑好防风梁就是一个不容忽视的问题。

由于煤气紧急放散管、调平配重和导轨及调平支架要穿过防风梁，这也就使设计增加了不少的变化。

回廊根据需要设置，一般最下面有一层，最上面有两层，回廊的走台板就铺设在防风梁上。

2.9 活塞调平装置

活塞调平装置是自动调整活塞升降时的水平的装置。共设置若干组这种装置（见图2-14），其中一组调平装置的示意图见图2-16。每组装置都是由活塞径向两点引出的钢绳、滑轮和配重块组成。当活塞的 A、E 两点处于同一水平时，调整连接到同一个配重块的左右两段钢绳，并使之相等。即：

$$L_{A-D} = L_{E-H}$$

如果实际运行中活塞发生倾斜，例如活塞板的 A 点处升高 Δh，于是 E 点处下降 Δh，那么钢绳 A—D 段出现松弛，钢绳 E—H 段出现张紧，于是在钢绳 EF 段上便产生一个向上的力，该力等于配重块的重力（约4t），于是活塞板的 E 点便会上升，相应地 A 点便会下降，于是活塞板在 A、E 的径向又恢复了水平，使 A—D 段和 E—H 段的钢绳张力趋于相等。每组调平装置能自动地调整活塞在某一个径向的水平，若干组调平装置便能自动地调整活塞在多个径向的水平。

活塞的允许倾斜度在安装时为30mm。

调平装置支架框住了上两层回廊并相交相焊，这就增强了它的结构稳定性。

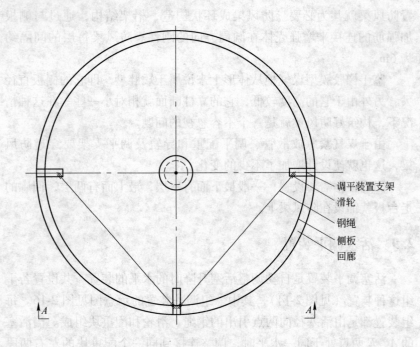

调平装置支架
滑轮
钢绳
侧板
回廊

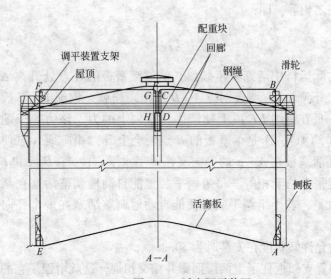

配重块
回廊
钢绳
滑轮
调平装置支架
屋顶
侧板
活塞板

$A—A$

图 2-16   活塞调平装置

2.10 煤气事故放散管

煤气事故放散管的放散能力过去是按一座吹炼转炉的瞬时煤气最大发生量来考虑的。

煤气事故放散管的自动操作：见图2-17，当柜容量超限时，T挡板顶杆就会顶升伸缩套的内轴，于是就打开放散阀盖进行煤气的放散。

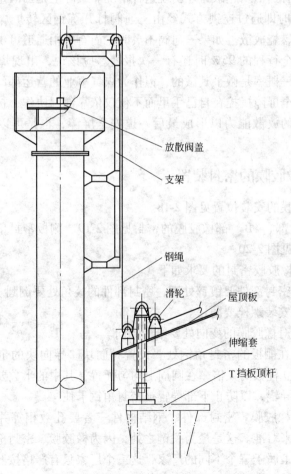

图 2-17 煤气事故放散管的自动操作

煤气事故放散管的手动操作：在图 2-17 的钢绳尾部再续接钢绳限位器和手摇卷扬机便可执行手动操作。当煤气柜投运或停运时，往往要进行气体的置换，此时即可手动操作打开放散阀盖进行柜内残存气体的放散。

放散阀的检修：当检修放散阀时，须实行水封切断煤气。水封以后的放散管用氮气吹扫。

自动放散是防止出现活塞发生冲顶事故的预防性措施之一，实际运行中只有当活塞超限时才出现这种情况。实际上是当活塞升至全行程的 90% 时即通过连锁方式经由三通阀打开炼钢区转炉煤气放散塔进行点火燃烧放散。如果三通阀不灵时，尚有备用通道可供打开。当活塞升至全行程的 95% 时还有一次报警。应该说，出现煤气柜的自动放散这一概率是微乎其微的，但作为煤气事业的营运部门为了将煤气柜的安全屏障操控在自己手里而不仅仅依靠部门协作，扩大煤气事故放散管的放散能力以形成最后一道安全屏障，也是可以为人们接受的。

2.11　橡胶膜的密封装置

橡胶膜的安装位置见图 2-18。

"A" 部、"B" 部橡胶膜的密封见图 2-19。侧板密封角钢处导向块的安装见图 2-20。

对于橡胶膜密封的要求如下：

（1）密封部件要镀锌处理，密封部件的棱角处要倒圆。

（2）安装螺栓要防松。

（3）对橡胶膜的变向处要给予导向。

（4）在侧板的密封角钢处要设置导向块。导向块的个数可以采用柜本体立柱数的 2 倍，在圆周上均匀配置，其中的半数要对准 T 挡板的下部导辊，以防止下部导辊被密封角钢卡住。

（5）橡胶膜、密封部件、钢结构件三者要孔数相等并以基准孔为中心孔来对准。这是最为关键之处，因为橡胶膜、密封部件、钢结构件分别隶属于三个不同的厂家，这三个厂家只有严格按照设计的规定进行孔数与孔距的加工，在安装时才能顺利进行。

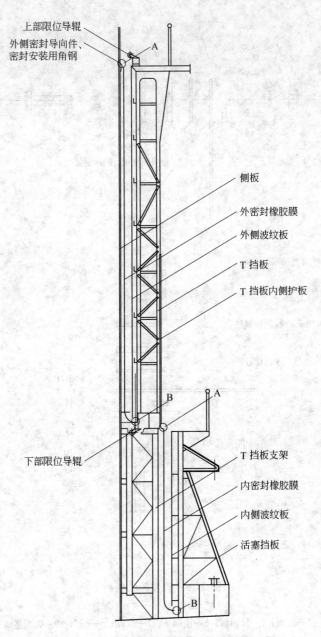

图 2-18 橡胶膜的安装位置

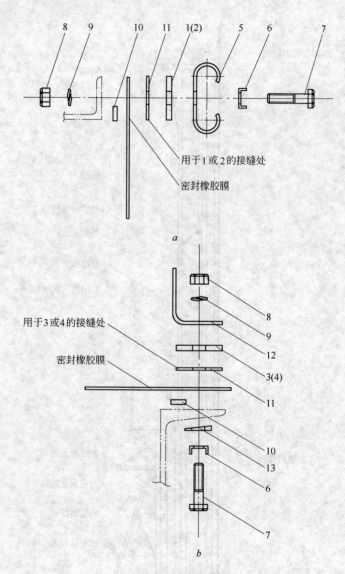

用于1或2的接缝处

密封橡胶膜

a

用于3或4的接缝处

密封橡胶膜

b

图 2-19 橡胶膜的密封

a—"A"部放大；*b*—"B"部放大

1~4—压板；5—导向板；6—止动垫；7—螺栓；8—螺母；9—弹簧垫圈；

10—密封胶；11—垫圈；12—导向板；13—斜垫圈

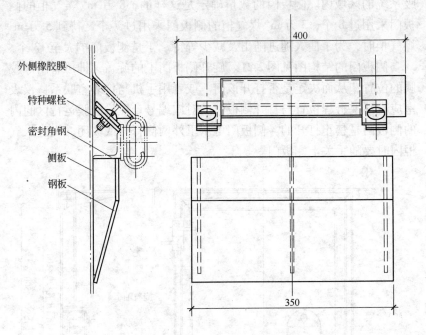

外侧橡胶膜
特种螺栓
密封角钢
侧板
钢板

图 2-20 侧板密封角钢处导向块的安装

2.12 柜容量指示计

柜容量指示计相当于人的眼睛,是煤气柜的重要设备。通过柜容量的指针位置可以判定该煤气柜是在安全区内运行(相当于额定容量的30% ~ 90%),还是在非安全区内运行(相当于30%以下和90%以上)。若是处在非安全区内运行,还有相应的保安措施与柜容量连锁实施。因此,柜容量指示计一般来说机械式的与超声波式的各设置一套,并相互间互为备用,可以任意切换,且均能执行各项连锁操作。

2.13 楼梯间

楼梯间内配置有容量指示计(机械式)及众多侧板门。配置容量指示计的平台标高约20m左右,众多的侧板门配置在侧板上部呼吸系统的区域内。侧板门的数量确定是这样的，8万 m³ 煤气柜的侧板门采用过 8 个，3 万 m³ 煤气柜的侧板门采用过 7 个，待到 5 万 m³ 煤气柜时，为了使人随进随出及减少等待，于是侧板门扩大至 13 个。

侧板门的结构图见图 2-21。旋开侧板门上的旋盖，即可看出橡胶膜的位置，从而决定是否打开该门。或者用手机与仪表室联系，仪表室应有活塞行程位置与打开侧板门的对应编号。在橡胶膜运行区间内的侧板门是禁止打开的。侧板门可从里外两侧打开或关闭，人进入气柜内时要随手关上侧板门。

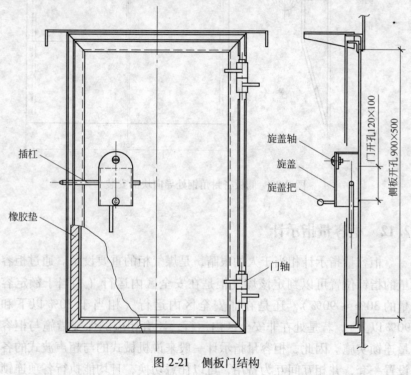

图 2-21 侧板门结构

楼梯间的斜梯宽度为 850mm，有内外侧扶手，内扶手当遇到侧板门时自然断开并与侧板相连接。斜梯的踏步采用花纹钢板。

3 密封橡胶膜

介质参数如下：

使用介质	转炉煤气、合成转炉煤气❶
煤气含尘量	转炉煤气100mg/m³(标态)
	合成转炉煤气约7mg/m³(标态)
煤气温度	转炉煤气72℃
	合成转炉煤气30℃
煤气含湿量	饱和
煤气压力	约3kPa(300mm水柱)

3.1 技术条件

3.1.1 密封橡胶膜结构

密封橡胶膜是由两种不同材料各夹有尼龙织物相互贴合而成的橡胶制品，形状为圆筒形。与空气接触的一面（圆筒内侧）采用氯丁橡胶（CR），与煤气接触的一面（圆筒外侧）采用丁腈橡胶（NBR）。

密封橡胶膜由双层帘线胶布按45°交叉贴合而成。一面夹有帘线的胶布层为CR橡胶，表面为麻面。另一面夹有帘线的胶布层为NBR橡胶，表面为光面。

3.1.2 密封橡胶膜技术条件

密封橡胶膜技术条件如下：

抗拉强度	经向（圆筒的高度方向）和纬向（圆筒的圆周方向）均不小于14MPa
耐折叠性能	一般部分与接缝部分均要求达到72万次无断裂现象

❶ 2007年华北油田炼油厂、2008年吉林石化炼油厂都尝试过使用橡胶膜型煤气柜。

| 使用温度 | 80℃以下 |
| 柔软性 | 一般部分与接缝部分接近 |

接缝部位为圆筒竖向，要求接缝部分的外表面不得有明显痕迹。竖向搭接强度要求断裂处不能发生在接缝部位。

3.1.3　纯橡胶技术条件

外层胶 NBR 的性能如下：

抗拉强度　　　　　　　　　　≥14MPa ⎫
伸长率　　　　　　　　　　　≥400% ⎬ 基本性能
硬度　　　　　　　　　　　　60±5 ⎭

热空气老化试验（试验条件 100℃×70h）

　　抗拉强度　　　　　　　　≥14MPa

　　伸长率　　　　　　　　　≥400%

　　硬度变化　　　　　　　　-5～+8

耐油试验（试验条件：常温×24h）

　　汽油+苯（3:1）　　　　$\Delta m\% \leqslant 10$

　　航空 2 号煤油　　　　　$\Delta m\% \pm 1.0$

臭氧老化试验（试验条件：O_3 浓度 0.02%×72h）

　　　　　　　　　　　　　无异常现象

内层胶 CR 的性能如下：

抗拉强度　　　　　　　　　　≥14MPa ⎫
伸长率　　　　　　　　　　　≥400% ⎬ 基本性能
硬度　　　　　　　　　　　　60±5 ⎭

热空气老化试验（试验条件 100℃×168h）

　　抗拉强度　　　　　　　　≥14MPa

　　伸长率　　　　　　　　　≥350%

　　硬度变化　　　　　　　　-5～+10

耐寒试验

　　脆性温度　　　　　　　　-40℃（或低于当地最低温度）❶

耐臭氧老化试验（试验条件：O_3 浓度 0.02%×72h）

　　　　　　　　　　　　　无异常现象

---

❶　该指标是在沈阳第四橡胶厂于 1993 年研制数据的基础上进行归纳整理的。

3.1.4 骨架层材料技术条件

骨架层材料（尼龙帘线布）技术条件如下：

抗拉强度　　　　　　　200N/根
伸长率　　　　　　　　>30%
密度　　　　　　　　　50 根/5cm

3.1.5 产品的公差要求

厚度公差，一般部分为 $3^{+0.4}_{-0.2}$mm，接缝部分为 $5^{+0.6}_{-0.2}$；周长公差为 ±0.16%；圆筒高公差不超过 +16mm。

圆筒上下两排孔要分别在每条垂直线上对正。

3.2 密封橡胶膜圆筒状外径的确定

密封橡胶膜筒见图 3-1。内、外橡胶膜的活动区间见图 3-2。

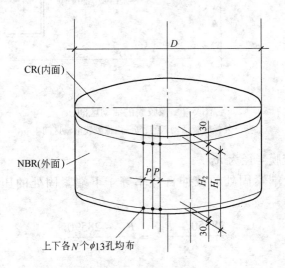

图 3-1　密封橡胶膜筒

以 8 万 m³ 橡胶膜型煤气柜为例：侧板密封角钢内侧半径为 29000 - 50 = 28950mm，T 挡板下部槽钢螺孔中心半径为 28590mm，

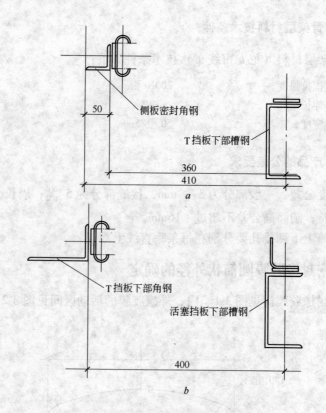

图 3-2　橡胶膜的活动区间

a—外橡胶膜活动区间；*b*—内橡胶膜活动区间

假定外橡胶膜半径为 $R_{外}$。

如果上端紧固处的拉伸百分率等于下端紧固处的压缩百分率时，则：

$$\frac{28950 - R_{外}}{R_{外}} = \frac{R_{外} - 28590}{R_{外}}$$

于是：

$$R_{外} = \frac{28590 + 28950}{2} = 28770\text{mm}$$

$$D_{外} = 57540\text{mm}$$

若按 $R_{外} = 28770\text{mm}$ 时，则：

$$拉伸百分率 = \frac{28950 - 28770}{28770} = 0.6\%$$

$$压缩百分率 = \frac{28770 - 28590}{28770} = 0.6\%$$

现在再来确定内橡胶膜筒的外径。T挡板下部角钢螺孔中心半径为27900mm，活塞挡板下部槽钢螺孔中心半径为27500mm。假定内橡胶膜半径为 $R_{内}$，按相同原则，则：

$$R_{内} = \frac{27900 + 27500}{2} = 27700\text{mm}$$

$$D_{内} = 55400\text{mm}$$

$$拉伸百分率 = \frac{27900 - 27700}{27700} = 0.7\%$$

$$压缩百分率 = \frac{27700 - 27500}{27700} = 0.7\%$$

从橡胶膜的性能来看，拉伸比压缩要容易一些。若按照以往的选择 $R_{外} = 28912.5$，$R_{内} = 27812.5$，则：

$$外橡胶膜筒的拉伸百分率 = \frac{28950 - 28912.5}{28912.5} = 0.13\%$$

$$外橡胶膜筒的压缩百分率 = \frac{28912.5 - 28590}{28912.5} = 1.1\%$$

$$内橡胶膜筒的拉伸百分率 = \frac{27900 - 27812.5}{27812.5} = 0.3\%$$

$$内橡胶膜筒的压缩百分率 = \frac{27812.5 - 27500}{27812.5} = 1.1\%$$

压缩百分率大于拉伸百分率，显然其合理性就差了。

3.3 密封橡胶膜圆筒状有效高度的确定

如图 3-1 所示，将该图的 H_2 视为有效高度。

3.3.1 外密封橡胶膜有效高度

3.3.1.1 外密封橡胶膜有效高度的计算

如图 3-3 所示，T 挡板着陆时外密封橡胶膜在自由状态下的有效高度为：

$$H_2 = 28 + \pi \times 90 + (9982 - 180 - 140) + \frac{\pi \times 140}{2} + 40$$

$$\approx 10233 \text{mm}$$

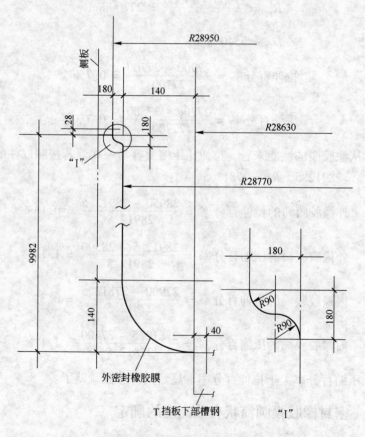

图 3-3 T 挡板着陆时外密封橡胶膜在自由状态下

如图 3-4 所示，T 挡板着陆时外密封橡胶膜在承压状态下的有效高度为：

$$r = \frac{370 - 50 - 9.4 - 15.2 \times 2}{2} = 140.1\text{mm}$$

$$H_2 = (9.4 + \pi \times 15.2) + \pi \times 140.1 + 9982 + 28 + 40$$

$$= 10547\text{mm}$$

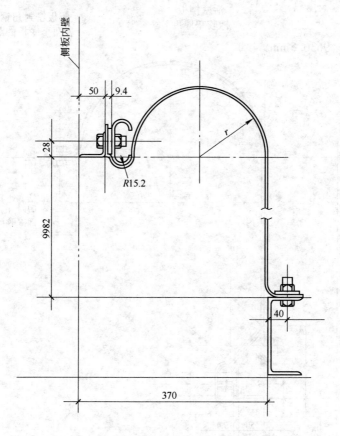

图 3-4　T 挡板着陆时外密封橡胶膜在承压状态下

如图 3-5 所示，T 挡板升到 100% 时外密封橡胶膜在承压状态下的有效高度为：

$$H_{01} = 31554 + (4.5 + 6139 + 80) + 141 - (12068 - 160) - 16374$$

活塞标准
行程(100%)

活塞板
厚度

活塞挡板
高度

活塞挡板
橡胶垫厚度

T挡板
顶架厚度

T挡板
高度

T挡板下部
槽钢的高度

侧板密封角钢下
表面至底板的距离

$$= 9636.5 \text{mm}$$

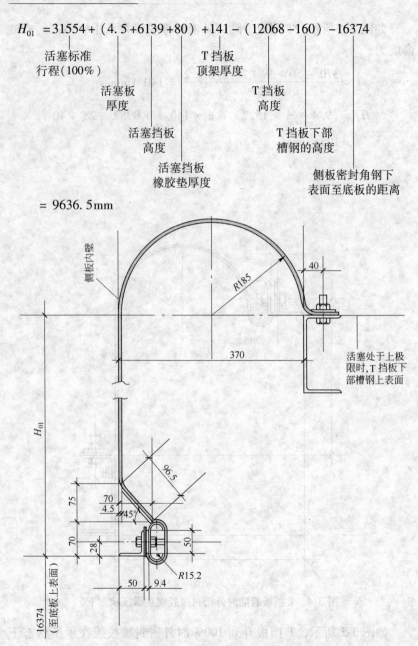

图 3-5 T挡板升到 100% 时外密封橡胶膜在承压状态下

$$H_2 = 9.4 + \frac{3}{4} \times 2\pi \times 15.2 + 50 + (50 + 9.4 + 15.2 - 70) +$$

$$96.5 + (H_{01} - 70 - 75) + \pi \times 185 + 28 + 40$$

$$= 736.3 + H_{01}$$

$$\approx 10373\text{mm}$$

3.3.1.2 对外密封橡胶膜有效高度（H_2）的分析

外密封橡胶膜在自由状态下的有效高度为 10233mm。

外密封橡胶膜在承压状态下当 T 挡板着陆时需要的有效高度为 10547mm，即此时外橡胶膜被拉伸为：

$$\frac{10547 - 10233}{10233} = 3\%$$

外密封橡胶膜在承压状态下当 T 挡板升到 100% 时需要的有效高度为 10373mm，即此时橡胶膜被拉伸为：

$$\frac{10373 - 10233}{10233} = 1.4\%$$

在承压状态下，从 T 挡板着陆到 T 挡板升到 100%，此时的煤气储量约从 37% 变到 100%，外橡胶膜若采用有效高度为 10233mm，最大拉伸率为 3%，应该说这都属于正常情况。

但是，如果承压状态下的最大拉伸率我们选择 2%，则外密封橡胶膜的有效高度 H_2 为：

$$\frac{10547 - H_2}{H_2} = 2\%$$

$$H_2 = 10340\text{mm}$$

也就是说，对于 8 万 m^3 橡胶膜型的煤气柜来说，其外密封橡胶膜的有效高度（H_2）选用 10340mm 将更为合理。

3.3.2 内密封橡胶膜有效高度

3.3.2.1 内密封橡胶膜有效高度的计算

如图 3-6 所示，活塞挡板着陆时内密封橡胶膜在自由状态下的有

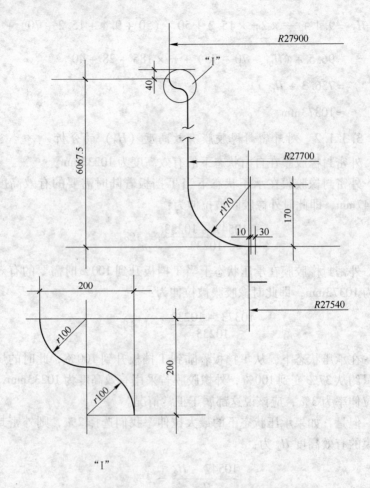

图 3-6   活塞挡板着陆时内密封橡胶膜在自由状态下

效高度为：

$$H_2 = 40 + (6067.5 - 200 - 170) + \pi \times 100 + \frac{\pi \times 170}{2} + 30$$

$$\approx 6349\text{mm}$$

如图 3-7 所示，活塞挡板着陆时内密封橡胶膜在承压状态下的有效高度为：

$$r = \frac{360 - 9.4 - 15.2 \times 2 + 10}{2} = 165.1\text{mm}$$

$$H_2 = 9.4 + \pi \times 15.2 + \pi \times 165.1 +$$

$$6067.5 + 15 + (40 - 15) + 30$$

$$\approx 6713\text{mm}$$

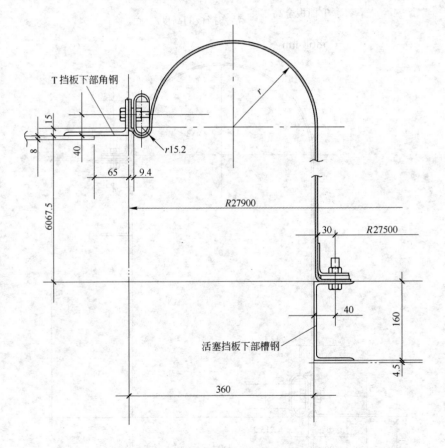

图 3-7 活塞挡板着陆时内密封橡胶膜在承压状态下

如图 3-8 所示,活塞挡板升到与 T 挡板搭接时内密封橡胶膜在承压状态下的有效高度为:

$$H_{02} = 12068 - 141 - (6139 + 80 - 160)$$

活塞挡板下部
槽钢高度

T 挡板
顶架厚度

活塞挡板
上部橡胶
垫的厚度

T 挡板全高

活塞挡板的高度

$= 5868\text{mm}$

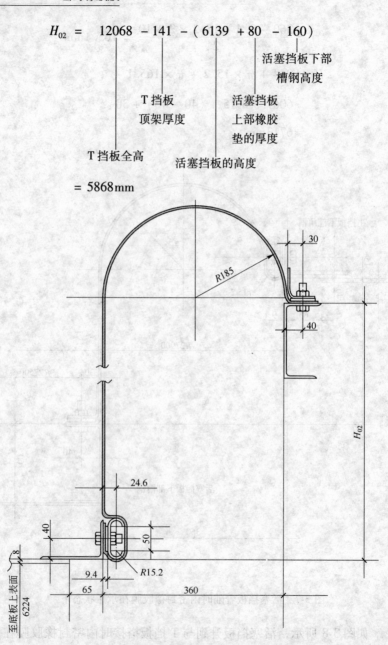

图 3-8 活塞挡板升到与 T 挡板搭接时内密封橡胶膜在承压状态下

$$H_2 = 9.4 + \frac{3}{4} \times 2\pi \times 15.2 + 50 + 24.6 +$$

$$(H_{02} - 40 - 25 - 15.2) + \pi \times 185 + 25 + 30$$

$$= H_{02} + 711.6$$

$$\approx 6580mm$$

3.3.2.2 内密封橡胶膜有效高度（H_2）的分析

内密封橡胶膜在自由状态下的有效高度为 6349mm。

内密封橡胶膜在承压状态下当活塞挡板着陆时需要的有效高度为 6713mm，即此时内橡胶膜被拉伸为：

$$\frac{6713 - 6349}{6349} = 5.7\%$$

内密封橡胶膜在承压状态下当活塞挡板升到与 T 挡板搭接时需要的有效高度为 6580mm，即此时内橡胶膜被拉伸为：

$$\frac{6580 - 6349}{6349} = 3.6\%$$

在承压状态，从活塞挡板着陆到活塞挡板升至与 T 挡板搭接的高度，此时的煤气储量约从 0% 变到 37%，内橡胶膜若采用有效高度为 6349mm，最大的拉伸率为 5.7%，这个拉伸率就显得过高。

但是，如果承压状态下的最大拉伸率我们选择 3%，则内密封橡胶膜的有效高度 H_2 为：

$$\frac{6713 - H_2}{H_2} = 3\%$$

$$H_2 = 6517mm$$

也就是说，对于 8 万 m^3 橡胶膜型的煤气柜来说，其内密封橡胶膜的有效高度（H_2）选用 6517mm 将更为合理。

另外，为什么内密封橡胶膜的最大拉伸率选择 3% 而不是像外密封橡胶膜那样的选择 2%，即内密封橡胶膜选择得紧了一些？一方面，单独的活塞挡板的升降几率较少；另一方面，选择拉伸相对大一些它的启动会更灵敏一些。

3.4 密封橡胶膜圆筒有效高度极限值的探讨

密封橡胶膜圆筒的有效高度是有限的，那么这个界限在哪里呢？也就是说，圆筒的有效高度极限值应该是多少呢？我们应当探讨这个极限值，因为如果有效高度的设计值小于它的极限值，那么这个设计才是可行的，从而它的运行才是可靠的。下面就来探讨这个问题。

如图 3-9 所示，这是一块橡胶膜在承压状态下的模型。

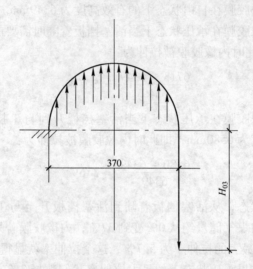

370

H_{03}

图 3-9 橡胶膜在承压状态下的模型

假定煤气压力为 300mm 水柱，即 2940Pa；假定橡胶膜的宽度为 10cm；假定橡胶膜的密度为 1.59g/cm^3（国内实测值，日本产品的实测密度为 1.49g/cm^3）。则煤气压力产生的力矩为：

$$37 \times 10 \times 10^{-4} \times 300 \times 9.8 \times \frac{37}{2} \approx 2012 \text{N} \cdot \text{cm}$$

弧形段橡胶膜产生的力矩为：

$$\frac{\pi \times 37}{2} \times 10 \times 0.3 \times 1.59 \times 10^{-3} \times 9.8 \times \frac{37}{2} \approx 50.3 \text{N} \cdot \text{cm}$$

直线段橡胶膜产生的力矩为：

$$H_{03} \times 10 \times 0.3 \times 1.59 \times 10^{-3} \times 9.8 \times 37 \approx 1.73 H_{03} \, \text{N} \cdot \text{cm}$$

依照力矩平衡原则，有：

$$2012 = 50.3 + 1.73 H_{03}$$

$$H_{03} \approx 1134 \text{cm}$$

于是橡胶膜的有效高度的极限值为：

$$H_2^{max} = \frac{\pi \times 37}{2} + 1134 \approx 1192 \text{cm}$$

上述模型的橡胶膜厚度是按 0.3cm 考虑的，但橡胶膜的接头（竖向）厚度如按 0.6cm 考虑，则：

$$2012 = 100.6 + 3.46 H_{03}$$

$$H_{03} \approx 552 \text{cm}$$

于是橡胶膜的有效高度极限值为：

$$H_2^{max} = \frac{\pi \times 37}{2} + 552 \approx 610 \text{cm}$$

当竖向接缝间距为 1.2m 时且接缝宽度为 0.06m 时，则：

$$H_2^{max} = \frac{(1.2 - 0.06) \times 1192 + 0.06 \times 610}{1.2}$$

$$\approx 1163 \text{cm}$$

竖向接缝间距与鼓式硫化机的滚筒宽度有关，当滚筒宽度达 2m 时，供货的接缝间距可望达到 1.5m 以上，橡胶膜整体的柔软性会得到进一步的改善。日本的接缝宽度已达到 2m。

由上述分析可知，密封橡胶膜筒的有效高度极限值与橡胶膜能承受的煤气压力有关，当密封橡胶膜承受 2940Pa（300mm 水柱）的煤气压力时，当橡胶膜筒的竖向接缝间距为 1.2m 时，密封橡胶膜筒有效高度的极限值可达 11.63m。若考虑到橡胶膜的厚度出现正向公差时，则其有效高度的极限值将会低于 11.63m。

4　合成转炉煤气的制作与接入

鉴于橡胶膜型煤气柜目前多用于钢铁厂转炉煤气的回收系统中，而转炉煤气回收的成功与否在很大程度上取决于转炉煤气的利用方法是否成功。转炉煤气利用方法的成功，在很大程度上又取决于合成转炉煤气的引入是否成功。所以，在此处插入了合成转炉煤气的制作与接入这一不可或缺的篇幅。

4.1　合成转炉煤气的作用

由于转炉间歇产气、非计划停炉时有发生等自身特点，使用单一的转炉煤气是不可能稳定而持久地向用户供气的。如果在转炉煤气中断产出时能寻得一种和它燃烧特性相似的煤气来替代它，稳定而持久地向用户供给转炉煤气，就能受到煤气用户的欢迎，才能提高转炉煤气在钢铁厂内的利用率。这种转炉煤气的"代用品"，就是合成转炉煤气。把这种合成转炉煤气也接到转炉煤气柜内，气柜的运行就更趋安全可靠。这是由于当活塞靠近气柜下限高度时，调整合成转炉煤气的充入量，使当时的瞬时合成转炉煤气充入量加上当时的瞬时转炉煤气发生量后超出转炉煤气使用量时，气柜活塞自然地会回升，从而离开气柜的危险运转区。这样一来，合成转炉煤气不仅是转炉煤气的调剂、补充气源，而且也是作为处于转炉煤气回收系统中的重要设备橡胶膜型干式煤气柜的保安气源。

4.2　合成转炉煤气的配制

合成转炉煤气的配制原则是遵循合成转炉煤气的华白指数（WI）要等于转炉煤气的华白指数。只有这两种煤气的华白指数相等，这两种煤气燃烧时所需的理论空气量才会相近，从而这两种煤气燃烧时的热效率才会相近。合成转炉煤气可以由钢铁厂中的高炉煤气和焦炉煤气混合而成。由于高炉、焦炉是连续稳定的操作，因而这种合成转炉煤气作为转炉煤气的"代用品"也是稳定的。

下面举例来分析合成转炉煤气的配制问题。

转炉煤气的华白指数 WI_{LDG} 的计算：

$$WI_{LDG} = \frac{7531}{\sqrt{\dfrac{1.4}{1.29}}} = 7230 \tag{4-1}$$

式中　7531——转炉煤气的发热值（标态），kJ/m^3；

　　　1.4——转炉煤气的密度，kg/m^3；

　　　1.29——空气的密度，kg/m^3。

合成转炉煤气的华白指数 WI_{CLDG} 应与转炉煤气的华白指数相同，于是：

$$\frac{Q_{CLDG}}{\sqrt{\dfrac{\rho_{CLDG}}{1.29}}} = 7230 \tag{4-2}$$

式中　Q_{CLDG}——合成转炉煤气的发热值（标态），kJ/m^3；

　　　ρ_{CLDG}——合成转炉煤气的密度，kg/m^3。

合成转炉煤气的密度计算如下：

$$\rho_{CLDG} = A \times 1.33 + (1 - A) \times 0.475 \tag{4-3}$$

式中　A——由高炉煤气和焦炉煤气混合而成的合成转炉煤气中，其中高炉煤气所占有的体积百分含量；

　　　1.33——假定的高炉煤气的密度，每标准立方米体积所具有的质量，kg/m^3；

　　　0.475——假定的焦炉煤气的密度，kg/m^3。

合成转炉煤气的发热值计算如下：

$$Q_{CLDG} = A \times 3347 + (1 - A) \times 18828 \tag{4-4}$$

式中　3347——假定的高炉煤气的发热值（标态），kJ/m^3；

　　　18828——假定的焦炉煤气的发热值（标态），kJ/m^3。

由式（4-4）得：

$$A = \frac{18828 - Q_{CLDG}}{15481} \tag{4-5}$$

将式（4-5）中的 A 值代入式（4-3）中得出：

$$\frac{18828 - Q_{CLDG}}{15481} \times 1.33 + \left(1 - \frac{18828 - Q_{CLDG}}{15481}\right) \times 0.475 = \rho_{CLDG}$$

$$(4-6)$$

式（4-6）整理后得：

$$Q_{CLDG} = 27430 - 18104\rho_{CLDG} \qquad (4\text{-}6A)$$

将式（4-6A）中的 Q_{CLDG} 值代入式（4-2）得：

$$27430 - 18104\rho_{CLDG} = 7230\sqrt{\frac{\rho_{CLDG}}{1.29}}$$

上式整理后得：

$$\rho_{CLDG}^2 - 3.16\rho_{CLDG} + 2.3 = 0 \qquad (4\text{-}7)$$

解式（4-7）得：

$$\rho_{CLDG} = 1.135 \text{kg/m}^3$$

以 ρ_{CLDG} 值代入式（4-2）得：

$$Q_{CLDG} = 7230\sqrt{\frac{1.135}{1.29}} = 6782 \text{kJ/m}^3$$

以 Q_{CLDG} 值代入式（4-5）得：

$$A = \frac{18828 - 6782}{15481} = 0.78$$

即 $A = 78\%$。

由以上计算得知，只要知道某厂的转炉煤气的发热值和密度，再根据该厂的高炉煤气和焦炉煤气的发热值和密度，进而推算出合成转炉煤气中高炉煤气所占有的体积含量。

4.3　合成转炉煤气混合站的能力

合成转炉煤气混合站的能力应大于转炉煤气的工厂使用量，或者在如下两值中取较大值：

（1）炼钢厂作业时间内转炉煤气的平均发生量（ m^3/h，标态）；

（2）转炉煤气的工厂使用量加上工厂使用量的正向波动值（m³/h,标态）。

选取了合成转炉煤气的标准流量（m³/h，标态）后，再乘以煤气流经混合站时的体积校正系数，才是合成转炉煤气混合站的实际通过能力。

4.4　合成转炉煤气的气源保障措施

合成转炉煤气的气源保障措施包括：

（1）气源应有一定的储备量。合成转炉煤气中的焦炉煤气来源靠焦炉煤气柜中留有一定的储存量来保障。换句话说，在事前确定焦炉煤气柜的储存容量时就应考虑这一因素。焦炉煤气柜用于供给合成转炉煤气中的焦炉煤气储存容量，应满足8小时非缓冲用户合成转炉煤气中的焦炉煤气的替换量。

（2）有备用燃料做后备。合成转炉煤气中的高炉煤气来源靠高炉煤气柜与自备电厂的联合调剂来解决。

（3）工厂有恰当的煤气调度措施，根据出现不同的情况，参照事先制定的预案来处理。

转炉煤气的热量约占钢铁厂自产气体燃料总热量的6%，折合每吨钢产生21kg标准煤的热量（每1kg标准煤的发热值按29288kJ计），故钢铁厂转炉煤气回收的经济效益显著。回收转炉煤气能使每吨钢减少灰尘排放量6g（对于100万t的钢产量相当于每年减少往空气中排放6t粉尘）。回收转炉煤气能使每吨钢减少往空中的废气排放量（标态）176m³（对于100万t的钢产量相当于每年减少往空中排放废气量（标态）约1.8亿m³），故钢铁厂转炉煤气回收的环保效益同样显著。但转炉煤气的回收工程并不是简单的工程，而是一个系统工程。

5 检测、控制与连锁、照明、防雷接地、防爆

5.1 检测

检测的项目与参数见表 5-1。

表 5-1 转炉煤气柜检测的项目与参数

序号	检测项目	检测点位置	检测参数	显示要求	显示地点	备 注
1	活塞高度		$S = 0 \sim 100\%$	柜侧改容量指示	柜侧、G室、E室、S室①	机械式与超声波式两套检测,分别连锁,互为备用
2	活塞升降速度		$0 \sim 5m/min$		G室	
3	空气中CO含量	活塞板上4点	$0 \sim 0.025\%$	指示	G室、E室	带报警②
4	柜内煤气压力	侧板处	$0 \sim 4kPa$ ($0 \sim 400mm$ 水柱)	自动记录	G室	
5	柜内煤气温度	侧板处	$0 \sim 80℃$	自动记录	G室	
6	柜出口煤气流量			自动记录	G室、E室、S室	带指示和累计
7	煤气放散量	转炉煤气一次除尘区		自动记录	G室、S室	带指示和累计
8	煤气含O_2量、含CO量	炼钢三通阀前		指示	G室、S室	带报警、连锁
9	煤气回收阀开、关	炼钢三通阀		指示	G室、S室	
10	氮气总管压力		$0.5 \sim 0.7MPa$	指示	G室	
11	氮气总管流量			自动记录	G室	带指示和累计
12	供水总管流量			就地		累计

① G室(转炉煤气加压机仪表室)、E室(能源中心)、S室(转炉炼钢仪表室);

② 1档报警:0.0024%(操作人员可在柜内较长时间工作);2档报警:0.0040%(操作人员在柜内连续工作时间不得超过1小时);报警采用声、光报警。

5.2 控制与连锁

控制与连锁的项目与参数见表5-2。

表5-2 转炉煤气柜的控制与连锁的项目与参数

序号	项 目	参 数	报 警	连 锁	备 注
1		$S = S_0 + 0.25$		自动打开事故煤气放散管	注1
2		$S = 0.95 S_0$	声、光报警	打开炼钢区的转炉煤气放散管	属超高位（H、H）
3		$S = 0.9 S_0$	声、光报警		属高位（H）
4		$S \geqslant 0.3 S_0$		不充入合成转炉煤气	
5		$S = 0.25 S_0$		充入 $0.5Q$ 的合成转炉煤气	注2
6	活塞高度 (S, m)	$S = 0.2 S_0$		充入 Q 量的合成转炉煤气	
7		$S \leqslant 0.15 S_0$		充入 $1.25Q$ 的合成转炉煤气	
8		$S = 0.1 S_0$	声、光报警	停止转炉煤气加压机运行	属低位（L）
9		$S = 0.05 S_0$	声、光报警	切断煤气柜的煤气进出口阀门	属超低位（L、L）
10		$S = 0.025 S_0$		自动向活塞板以下空间充入氮气，并打开一根吹扫放散管	准备着陆，并着手切断全部煤气进出口管道上的水封
11	进柜转炉煤气成分	含 O_2 量大于2%或含 CO 量小于35%		打开炼钢区的三通阀放散阀，关闭通往煤气柜的阀门	取样点在一次除尘风机后，连续分析
12	转炉煤气加压机的通过量	小于正常最小量		打开回流煤气调节阀	回流至转炉煤气柜内
13		大于正常最小量		关闭回流煤气调节阀	

注：1. S_0 指活塞行程达100%的高度；
    2. Q 相当于转炉煤气小时平均使用量（配出量），测算后设定；
    3. 各项连锁均同时具备解除的手段。

从表 5-2 来分析，转炉煤气柜的控制与连锁的功能特征可归纳为以下 5 项：

（1）防活塞冲顶事故保障，见表 5-2 中的序号 1、2，具有双重保险。

（2）防活塞坠入行程下限保障，见表 5-2 中的序号 5～8，具有四重保险。

（3）防活塞板在着陆工况下瘪塌的保障，见表 5-2 中的序号 10。

（4）维系进柜转炉煤气成分合格的保障，见表 5-2 中的序号 11。

（5）维系转炉煤气加压机安全运行的保障，见表 5-2 中的序号 12、13。

5.3 照明

柜顶中央内部设投光灯，外部楼梯转折处设照明，柜顶周围及中央通风孔处设照明，柜容量指示器处设 400W 的水银投光灯一个，侧板下部靠近地面附近设 2～3 处 220/12V 的照明插座。

煤气柜屋顶以下活塞以上的空间属于爆炸危险 1 区，煤气柜侧板外 3m 以内属于爆炸危险 2 区。

5.4 防雷接地

于煤气事故放散管处设高于管口 3m 的避雷针。煤气事故放散管有专用的接地系统，其接地电阻不大于 4Ω。

煤气柜的接地引下线不少于 1 处，其接地电阻不大于 10Ω。

5.5 防爆

转炉煤气的中毒浓度界限为空气中 CO 的浓度为 0.0040%。

我们再来分析转炉煤气的爆炸浓度界限。在转炉煤气与空气的混合气体中转炉煤气含量达 17% 为爆炸极限的下限，而此时在与空气的混合气体中 CO 的体积浓度为 11.9%（转炉煤气成分按 CO 70%；CO_2 21%；N_2 9% 计）。

转炉煤气的燃烧浓度界限又如何呢？以理论燃烧条件来计算，在空气混合气体中转炉煤气含量达 41.4% 方可完全燃烧，而此时在与空气的混合气体中 CO 的体积浓度为 30% 。

　　从上述情况来看，转炉煤气的爆炸浓度为其中毒浓度的 2975 倍，转炉煤气的燃烧浓度为其中毒浓度的 7500 倍。从中毒、爆炸、燃烧这三种情况来分析，对于转炉煤气柜来说，自然是先中毒、后爆炸、再后燃烧。而且从中毒浓度到爆炸浓度要增浓 2975 倍，这个过程的时间很长，就给人提供了充足的排障机会。换句话说，只要将柜顶以下活塞以上的空间中 CO 的含量控制在 0.0040% 以下，就没有什么爆炸、燃烧的可能之虑。这么一来，柜内活塞板以上空间的空气中 CO 微含量检测仪的连续性与可靠性就至关重要。至于什么消防水池、消防水泵、消防供水管的设置既是虚设又于事无补。如果柜内上部空间的 CO 含量超标，那么只有放散煤气（通过炼钢区的三通阀切换至放散塔燃烧放散），使活塞着陆、吹扫，然后用检修风机进行升压检查。对于二段式密封橡胶膜来说，其接缝长度约 4 倍于煤气柜的侧板圆周长度，在每圈橡胶膜的两端（螺栓紧固处）进行了等厚处理，又加之紧密固定，这就大大地降低了煤气的泄漏率。以重庆钢铁公司的 3 万 m³ 转炉煤气柜为例，采取上述措施后，经过 7 昼夜其严密性试验的泄漏率达到 0.39% ，大大低于《煤气安全规程》的 2% 的标准。这就为日后维持柜内上部空间空气中 CO 微含量长期处于低指标创造了先决条件。

　　从安全方面考虑，转炉煤气柜执行无人操作，设围墙，门上锁，这有利于防止外部火源入侵，对防爆是有利的。

　　通过上述分析，观点可以明确了。即对于橡胶膜型干式煤气柜来说，只需考虑防爆而无需防火，它的先决条件是柜内上部空间空气中 CO 微含量检测仪要达到连续、可靠、准确的要求。看来过去上马的消防设施可以省掉了。应该指出，水消防不但于事无补反而添乱，试想若煤气柜着火（技术上没这种可能性），着火必然伴生着高温，而用水枪去打水，对于煤气柜这种薄壳钢结构来说就必然会变形，煤气柜外壳一变形，活塞又怎能保证升降平稳，那么这个煤气柜就只有报废了。

6 橡胶膜型煤气柜的设计

6.1 5万 m³ 橡胶膜型煤气柜的设计

我们此前虽然做过一些此型煤气柜的设计，但 5 万 m³ 柜的设计还没有做过，只好找一些参考尺寸来起步，然后再修正它。

现将橡胶膜型煤气柜的几何参数列入表 6-1。

表 6-1 橡胶膜型煤气柜的几何尺寸

公称容积/m³	最大直径/mm	全高/mm	活塞行程/mm	底面积/m²
5000	19300	21500	17900	292.5
10000	26960	21820	18630	570.9
30000	38500	33000	27580	1164.2
50000	45850	39000	32040	1651
70000	50130	47000	37630	1974
100000	57800	47400	41040	2624
150000	65230	54150	47730	3342

注：引自《钢铁企业燃气设计参考资料 煤气部分》第 50 页。

我们此前做过的橡胶膜型煤气柜的几何尺寸列于表 6-2。

表 6-2 国内已投产的橡胶膜型煤气柜的几何尺寸

公称容积/m³	侧板内径/mm	侧板高/mm	活塞行程/mm	底面积/m²
30000	38200	32810	26236	1146
80000	58000	39070	31554	2642

比较表 6-1 和表 6-2 中公称容积为 3 万 m³ 的煤气柜，两表中的几何尺寸相近，故表 6-1 还是有一定的参考价值。

根据表 6-1，对于公称容积为 5 万 m³ 的橡胶膜型煤气柜，暂选其侧板内径为 45.85m。

6.1.1　立柱根数

立柱根数（n）初算为：

$$n = \frac{\pi \times 45.85}{6} = 24$$

式中　6——立柱间距，m。

鉴于 3 万 m³ 煤气柜采用 5 套调平装置，8 万 m³ 煤气柜采用 6 套调平装置。对于 3 万 m³ 煤气柜来说，调平装置总重约占柜本体总重的 9.6%，为减少柜本体的重量，对于 5 万 m³ 煤气柜来说，仍打算采用 5 套调平装置。但是，24 根立柱难以适应 5 套调平装置，于是选用 25 根立柱。

6.1.2　侧板内径

采用 25 根立柱，立柱间距取 6m，于是侧板内径（D_i）为：

$$D_i = \frac{25 \times 6}{\pi} = 47.746\text{m}$$

6.1.3　活塞行程

活塞行程（H_1）的最低值：

$$H_1 = \frac{50000 \times 4}{\pi \times 47.746^2} = 27.93\text{m}$$

由于上式中 5 万 m³ 的容积包括了一些死空间的容积，故 27.93m 的活塞行程，其储存容积（等于活塞 100% 升起后的柜内内容积减去柜内死空间容积）将小于 5 万 m³。

于是 H_1 值选用 29.0m。

6.1.4　T 挡板支架高度

T 挡板支架高度（H_2'）取 5200mm。

H_2'（T 挡板支架高）之所以取值为 5200mm，这是由 11 个方案经过筛选后确定的。这 11 个方案的有关参数见表 6-3。

表 6-3　5 万 m³ 橡胶膜型煤气柜各方案设计参数比较

公称容积 /m³	方案编号	侧板内径 D_i /mm	侧板高 H /mm	立柱根数 n	柜内空间利用系数 K /%	活塞行程 H_1 /mm	T挡板支架高 H'_2 /mm	活塞挡板高 H_P /mm	T挡板高 H_T /mm	内橡胶膜筒有效高 H_{Ri} /mm	外橡胶膜筒有效高 H_{Ro} /mm	侧板密封角钢高 H_3 /mm	实际储存容积 V /m³	备 注
50000	A	45837		24		33330	5804	5724	10845	5888	11793			调平装置须6套，外橡胶膜高超限
	B	45837		24		33330	5500	5420	10702	5951	12209			
	C	45837		24		33330	6224	6144	12164	6675	11133			调平装置须6套，外橡胶膜筒高接近板极限
	D	45837	40845	24	81.6	33330	6224	6144	11997	6308	11217			
	E	47746	38233	25	80.3	30718	6224	6144	11895	6308	9961	16128	52560	侧板高、T挡板支架高、T挡板高
	F	47746	37833	25	81.2	30718	5824	5744	11095	5908	10362	16128	52623	$H_3 < H'_2 + H_T$
	G	47746	36315	25	81.2	29500	5524	5444	10515	5608	10042	15508		$H_3 > H'_2 + H_T$
	H	47746	36315	25	81.2	29500	5524	5444	10368	5608	10116	15582		$H_3 > H'_2 + H_T$
	I	47746	36115	25	81.7	29500	5324	5244	10115	5408	10242	15508	50649	$H_3 < H'_2 + H_T$
	J	47746	35491	25	82.3	29200	5000	4920	9471	5084	10415	15357	50207	$H_3 < H'_2 + H_T$
	K	47746	35491	25	82	29000	5200	5120	9931	5317	9975	15096	49801	$H_3 < H'_2 + H_T$
30000		38200	32810	20	79.2	26000	5524	5444	10368	6006	8867	13982	28116	
80000		58000	39070	30	81.1	31554	6224	6144	12076	6348	10233	16374	82288	

选择 H_2' 按以下的思路去考虑:

(1) 应该 $H_2' + H_T > H_3$。若 $H_2' + H_T < H_3$,则 T 挡板处在着陆状态时,外橡胶膜上端内侧的挡墙高度不足,这会影响其上下卷动自如。方案 I、J 就是这样,所以被剔出了筛选的范围。

(2) 外橡胶膜筒高(H_{Ro})不能超极限或接近于极限。若外橡胶膜筒高(H_{Ro})超极限或接近于极限,那么橡胶膜一开始能否卷动这就成了问题。于是,方案 A、B、C、D 就被剔出了筛选的范围。

(3) 侧板高(H)、T 挡板支架高(H_2')、T 挡板高(H_T)、活塞挡板高(H_P),这几个高度高就意味着柜本体的重量要额外地增加,这就降低了设计方案的经济性。E、F、G、H 的方案就是这种情况,于是也被剔出了筛选范围。

(4) T 挡板高(H_T)越低越好,这会有助于减少煤气柜升降时的压力波动值。K 方案不仅具有这项优势,还具有其他各项优势,所以被选定为最后的设计方案。

活动体 100% 升起时的工况见图 6-1。

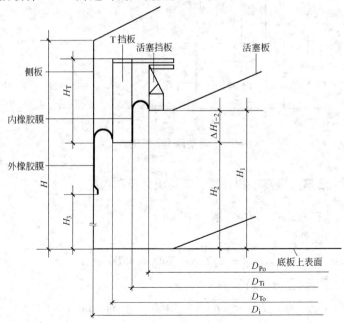

图 6-1　活动体 100% 升起时的工况

活动体全着陆时的工况见图 6-2。

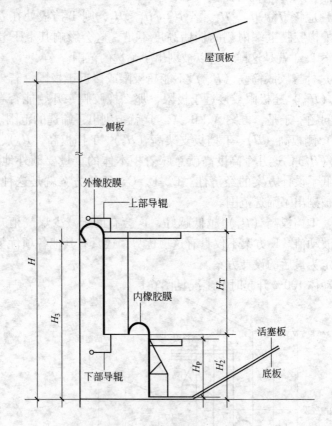

图 6-2　活动体全着陆时的工况

6.1.5　活塞挡板高度和外径、T 挡板外径和内径

活塞挡板高度（H_P）取 5120mm。

T 挡板外径（D_{To}）为：

$$D_{To} = 47746 - 740 = 47006mm$$

T 挡板内径（D_{Ti}）为：

$$D_{Ti} = 47006 - 1460 = 45546mm$$

活塞挡板外径（D_{Po}）为：

$$D_{Po} = 45546 - 720 = 44826 \text{mm}$$

6.1.6 橡胶膜筒外径

侧板密封角钢内侧半径为：

$$\frac{47746}{2} - 50 = 23823 \text{mm}$$

T 挡板下部槽钢螺孔中心半径为：

$$\frac{47746}{2} - 410 = 23463 \text{mm}$$

外橡胶膜筒的外径（D_{Ro}）为：

$$D_{Ro} = \left(\frac{23823 + 23463}{2} \right) \times 2 = 47286 \text{mm}$$

T 挡板下部角钢螺孔中心半径为：

$$\frac{45546}{2} = 22773 \text{mm}$$

活塞挡板下部槽钢螺孔中心半径为：

$$\frac{45546}{2} - 400 = 22373 \text{mm}$$

内橡胶膜筒的外径（D_{Ri}）为：

$$D_{Ri} = \left(\frac{22773 + 22373}{2} \right) \times 2 = 45146 \text{mm}$$

以上的计算参考图 3-2。

6.1.7 内橡胶膜筒有效高度

如图 6-3 所示，内橡胶膜筒有效高度（H_{Ri}）为：

$$H_{Ri} = 40 + \pi \times 100 + \frac{\pi \times 170}{2} + 30 +$$

$$(H_2' - 2 \times 100 - 164.5 - 170)$$

$$= H_2' + 116.7 \approx 5317 \text{mm}$$

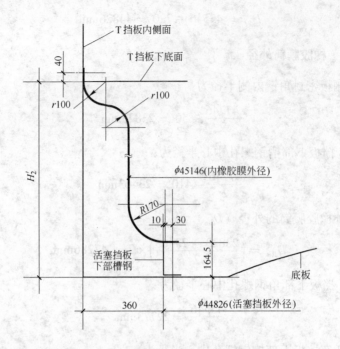

图 6-3　内橡胶膜筒有效高度示意图

6.1.8　当 T 挡板升起时，活塞挡板与 T 挡板的底部高差

当 T 挡板升起时，活塞挡板与 T 挡板的底部高差（ΔH_{1-2}）见图 6-4。建立以下等式：

$$\Delta H_{1-2} - 48 - 25 - 15.2 - 24.6 + 164.5 + 30 + \pi \times 185 +$$

$$\frac{24.6}{\cos 45°} + \frac{2\pi \times 15.2 \times 3}{4} + 50 + 9.4 + 25 = H_{Ri}$$

于是：

$$\Delta H_{1-2} = H_{Ri} - 854 = 5317 - 854 = 4463\text{mm}$$

ΔH_{1-2} 取 4590mm。

根据宝钢实况测算，实际 ΔH_{1-2} 要高出按图 6-4 计算值 232mm。也就是说，实际情况并不是如图 6-4 中 $r = 185$，而是 $r > 185$，取

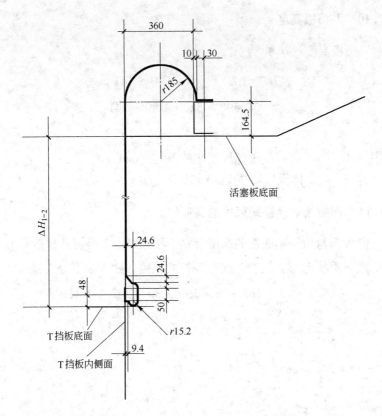

图 6-4　T挡板升起时，活塞挡板与T挡板的底部高差示意图

$r = 185$是为了计算方便。这里我们仅增值127mm，即：

$$4463 + 127 = 4590 \text{mm}$$

6.1.9　活塞与T挡板100%升起时，T挡板下表面距底板的高度

活塞与T挡板100%升起时，T挡板下表面距底板的高度（H_2）见图6-1。

$$H_2 = H_1 - \Delta H_{1-2}$$
$$= 29000 - 4590$$
$$= 24410 \text{mm}$$

6.1.10　T 挡板高度

T 挡板高度（H_T）为：

$$H_T = \Delta H_{1-2} + H_P + 80 + 141$$
$$= 4590 + 5120 + 80 + 141$$
$$= 9931\,mm$$

式中　80——活塞挡板顶部橡胶垫的厚度，mm；

141——T 挡板顶架高度，mm。

6.1.11　侧板密封角钢距底板的高度

侧板密封角钢距底板的高度（H_3）见图 6-5。根据外橡胶膜在无压自然下垂状态与承压卷上状态等长的原则，建立如下等式：

$$x_1 - 68.2 - 75 + 168 + \pi \times 190 + 30 + 102.6 + (50 + 9.4 +$$

$$15.2 - 70) + \frac{2\pi \times 15.2 \times 3}{4} + 50 + 9.4 + 25$$

$$= x_2 + 28 - 168 + 30 - 90 \times 2 - 150 + \pi \times 90 + \frac{\pi \times 150}{2}$$

得：

$$x_1 + 914.9 = x_2 + 78.4$$

归纳后得：

$$x_1 - x_2 = -836.5$$

结合图 6-1 和图 6-5 两图观察，可建立如下等式：

$$x_1 + x_2 + H_2' = H_2$$

于是：

$$x_1 + x_2 + 5200 = 24410$$

$$x_1 + x_2 = 19210$$

联立方程：

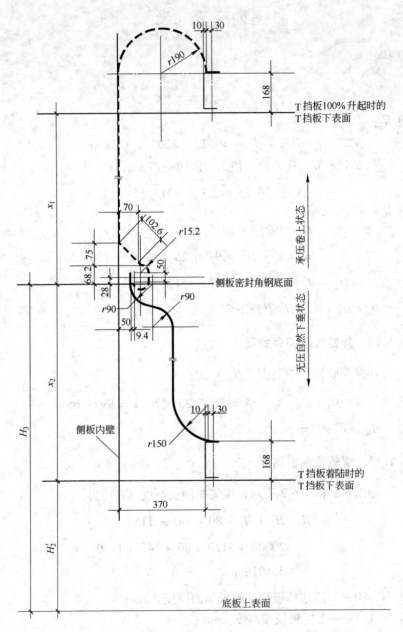

图 6-5 侧板密封角钢距底板的高度示意图

$$\begin{cases} x_1 - x_2 = -836.5 \\ x_1 + x_2 = 19210 \end{cases}$$

解得：

$$x_1 = 9186.75$$

$$x_2 = 10023.25$$

于是：

$$H_3 = x_2 + H_2' \approx 10023 + 5200 = 15223 \text{mm}$$

和 6.1.8 节一样，这里使 x_1 值增值 127mm，即：

$$x_1 = 9186.75 + 127 = 9313.75$$

于是：

$$x_2 = 19210 - 9313.75 = 9896.25$$

$$H_3 = x_2 + H_2' = 9896.25 + 5200 = 15096.25$$

$$H_2' + H_T = 5200 + 9931 = 15131$$

$H_3 < H_2' + H_T$，H_3 值修正合适。

6.1.12 外橡胶膜筒有效高度

外橡胶膜筒有效高度（H_{Ro}）为：

$$H_{Ro} = x_2 + 78.4 = 9896.25 + 78.4 = 9974.65$$

H_{Ro} 取值 9975mm。

6.1.13 煤气柜侧板高度

如图 6-1 和图 6-2 所示，煤气柜侧板高度（H）为：

$$\begin{aligned} H &= H_1 + H_P + 80 + 141 + 1150 \\ &= 29000 + 5120 + 80 + 141 + 1150 \\ &= 35491 \text{mm} \end{aligned}$$

式中　80——活塞挡板顶部橡胶垫的厚度，mm；

　141——T 挡板顶架高度，mm；

　1150——空间富裕量，包括了活塞的超限放散的行程，mm。

6.1.14 煤气柜空间利用系数

煤气柜空间利用系数（K）为：

$$K = \frac{29000}{35491} \approx 0.82$$

过去已投产的 8 万 m³ 煤气柜，$K = 0.81$；过去已投产的 3 万 m³ 煤气柜，$K = 0.79$。

6.1.15 煤气柜储存容积

煤气柜的储存容积（V）是已经扣除了煤气柜死容积后的有效的容积。参见图 6-1，现分部计算如下：

$$V_1 = \frac{\pi D_{Ti}^2}{4} \times H_1 = \frac{\pi \times 45.546^2}{4} \times 29 \approx 47249 \text{m}^3$$

$$V_2 = \frac{\pi}{4}(D_{To}^2 - D_{Ti}^2) \times (H_2 - H_2')$$

$$= \frac{\pi}{4}(47.006^2 - 45.546^2) \times (24.41 - 5.2)$$

$$\approx 2039 \text{m}^3$$

$$V_3 = \frac{\pi}{4}(D_i^2 - D_{To}^2) \times (H_2 - H_3)$$

$$= \frac{\pi}{4}(47.746^2 - 47.006^2) \times (24.41 - 15.096)$$

$$\approx 513 \text{m}^3$$

$$V = V_1 + V_2 + V_3$$

$$= 47249 + 2039 + 513$$

$$= 49801 \text{m}^3$$

6.1.16 适配转炉吨位

适配转炉吨位（G）为：

$$G = \frac{49801 \times 0.97}{1.65 \times 120} = 244t$$

式中　0.97——系数（参见6.3.13节）；

1.65——转炉煤气的体积校正系数（标态），m^3/m^3；

120——转炉煤气的吨钢最大产气率（标态），m^3/t。

即5万m^3的橡胶膜型煤气柜可以适配2吹1的240t转炉或3吹2的120t转炉。

6.1.17　煤气事故放散管的直径和根数

假定煤气事故放散管的直径为$\phi 800mm$时，那么一根$\phi 800mm$事故放散管的放散能力（Q）计算如下：

$$Q = 0.6 \times \sqrt{\frac{2 \times 9.8 \times 300}{0.983}} \times \frac{\pi}{4} \times 0.8^2 \times 3600$$

$$= 8.4 \times 10^4 m^3/h$$

式中　0.6——系数；

9.8——重力加速度，m/s^2；

300——煤气压力，kgf/m^2；

0.983——转炉煤气的实际密度，kg/m^3；

0.8——管径，m。

转炉煤气柜需要的最大瞬时放散能力（Q^{max}）为：

$$Q^{max} = \frac{240 \times 120 \times 60 \times 1.65}{10}\left(1 - \frac{10}{36}\right)$$

$$= 20.6 \times 10^4 m^3/h$$

式中　240——转炉吨位，t；

120——转炉煤气的吨钢最大产气率（标态），m^3/t；

10——假定的转炉煤气在吹炼周期内的回收时间，min；

1.65——转炉煤气于$t = 67℃$，$p = 300kgf/m^2$时的体积校正系数；

36——假定的转炉冶炼周期，min。

煤气事故放散管的根数（N）为：

$$N = \frac{Q^{\max}}{Q} = \frac{20.6 \times 10^4}{8.4 \times 10^4} = 2.5$$

选用 3 根 $\phi 800$mm 的煤气事故放散管。

6.1.18　T 挡板重量估算

T 挡板重量（W_{T}）包括：

（1）支柱重：

$$44.06 \times \frac{25 \times 9.931}{30 \times 12.068} = 30.2t$$

式中　44.06——8 万 m³ 煤气柜 T 挡板支柱重量，t；

30——8 万 m³ 煤气柜立柱根数；

12.068——8 万 m³ 煤气柜 T 挡板总高度，m；

25——5 万 m³ 煤气柜立柱根数；

9.931——5 万 m³ 煤气柜 T 挡板总高度，m。

（2）环形桁架重：

$$51.84 \times \frac{47.006 \times 9.931}{57.26 \times 12.068} = 35t$$

式中　51.84——8 万 m³ 煤气柜 T 挡板环形桁架重，t；

57.26——8 万 m³ 煤气柜 T 挡板外径，m；

47.006——5 万 m³ 煤气柜 T 挡板外径，m。

（3）斜撑、直梯重：

$$29.53 \times \frac{25 \times 9.931}{30 \times 12.068} = 20.3t$$

式中　29.53——8 万 m³ 煤气柜 T 挡板斜撑、直梯重，t。

（4）扶手重：

$$3.71 \times \frac{47.006}{57.26} = 3t$$

式中　3.71——8 万 m³ 煤气柜 T 挡板扶手重，t。

（5）楼梯盖重：0.02t（同 8 万 m³ 煤气柜）。

（6）上导轮重：

$$0.46 \times \frac{25}{30} = 0.38t$$

式中　0.46——8 万 m³ 煤气柜上导轮总重，t。

（7）下导轮重：

$$0.38 \times \frac{25}{30} = 0.32t$$

式中　0.38——8 万 m³ 煤气柜下导轮总重，t。

（8）人孔门重：0.05t（同 8 万 m³ 煤气柜）。

（9）波纹板重：

$$35.06 \times \frac{47.006 \times 9.931}{57.26 \times 10} = 28.6t$$

式中　35.06——8 万 m³ 煤气柜 T 挡板波纹板重，t；

10——8 万 m³ 煤气柜 T 挡板波纹板高，m；

9.931——5 万 m³ 煤气柜 T 挡板波纹板高，m。

（10）外橡胶膜重：

$$\pi \times 4728.6 \times (997.5 + 6) \times 0.3 \times \frac{150 + 6}{150} \times 1.5 \times 10^{-6} = 7t$$

式中　4728.6——外橡胶膜筒外径，cm；

997.5——外橡胶膜筒有效高度，cm；

6——外橡胶膜筒高度余量，cm；

0.3——外橡胶膜筒厚，cm；

150——外橡胶膜筒竖向接缝间距，cm；

6——外橡胶膜筒竖向接缝宽度，cm；

1.5——橡胶膜密度，g/cm³。

（11）密封部件重：

$$2.5 \times \frac{47.746}{58} = 2.06t$$

式中　2.5——8 万 m³ 煤气柜外橡胶膜密封部件重，t；

58——8 万 m³ 煤气柜侧板内径，m；

47.746——5 万 m³ 煤气柜侧板内径，m。

T 挡板重量（W_T）为：

$$W_T = 30.2 + 35 + 20.3 + 3 + 0.02 + 0.38 +$$

$$0.32 + 0.05 + 28.6 + 7 + 2.06$$

$$= 126.93t$$

6.1.19 不包括死、活配重时的活塞重量估算

不包括死、活配重时的活塞重量（W_P）包括：

（1）活塞板重：

$$92.166 \times \frac{44.826^2}{55.080^2} = 61.04t$$

式中　92.166——8万 m³ 煤气柜活塞板重，t；

55.080——8万 m³ 煤气柜活塞挡板外径，m；

44.826——5万 m³ 煤气柜活塞挡板外径，m。

（2）活塞挡板重：

$$41.036 \times \frac{44.826 \times 5.12}{55.080 \times 6.144} = 27.83t$$

式中　41.036——8万 m³ 煤气柜活塞挡板重，t；

6.144——8万 m³ 煤气柜活塞挡板高，m；

5.12——5万 m³ 煤气柜活塞挡板高，m。

（3）钢绳架及外部支柱套筒重：

$$5.623 \times \frac{25}{30} = 4.69t$$

式中　5.623——8万 m³ 煤气柜钢绳架及外部支柱套筒重，t；

30——8万 m³ 煤气柜立柱根数；

25——5万 m³ 煤气柜立柱根数。

（4）活塞外周混凝土钢板挡墙重：

$$40.865 \times \frac{44.826}{55.080} \times 0.7 = 23.28t$$

式中　40.865——8万 m³ 煤气柜活塞外周混凝土钢板挡墙重，t；

0.7——考虑到 5 万 m³ 煤气柜活塞外周混凝土钢板挡墙的断面尺寸将会比 8 万 m³ 煤气柜小而预设的一个系数。

（5）活塞外周支柱重。选用 50 根 D159 × 6 钢管，每根 2.4m，估计活塞外周支柱总计约 3.49t。

（6）活塞中间支柱重：

$$8.733 \times \frac{44.826^2}{55.080^2} = 5.78t$$

式中　8.733——8 万 m³ 煤气柜活塞中间支柱的重量，t。

（7）活塞挡板上部扶手重：

$$2.34 \times \frac{44.826}{55.080} = 1.9t$$

式中　2.34——8 万 m³ 煤气柜活塞挡板上部扶手重量，t。

（8）活塞挡板用梯子重：

$$0.352 \times \frac{5.12}{6.144} = 0.29t$$

式中　0.352——8 万 m³ 煤气柜活塞挡板用梯子的重量，t。

（9）活塞混凝土挡墙内外梯子重：0.213t（同 8 万 m³ 煤气柜）。

（10）活塞上超声波反射板重：0.353t（同 8 万 m³ 煤气柜）。

（11）活塞挡板环向桁架重：

$$6.917 \times \frac{44.826}{55.080} = 5.63t$$

式中　6.917——8 万 m³ 煤气柜活塞挡板环向桁架重，t。

（12）活塞外周下部检查走廊重：

$$10.358 \times \frac{44.826}{55.080} = 8.43t$$

式中　10.358——8 万 m³ 煤气柜活塞外周下部检查走廊的重量，t。

（13）活塞人孔重：0.318t（同 8 万 m³ 煤气柜）。

（14）波纹板重：

$$22.333 \times \frac{44.826 \times 5.12}{55.080 \times 6.144} = 15.15t$$

式中　22.333——8 万 m³ 煤气柜活塞挡板波纹板重，t。

（15）内橡胶膜重：

$$\pi \times 4514.6 \times (531.7 + 6) \times 0.3 \times \frac{150 + 6}{150} \times 1.5 \times 10^{-6}$$

$$= 3.57t$$

式中　4514.6——内橡胶膜筒外径，cm；

531.7——内橡胶膜筒有效高度，cm；

6——内橡胶膜筒高度余量，cm；

0.3——内橡胶膜筒厚，cm；

150——内橡胶膜筒竖向接缝间距，cm；

6——内橡胶膜筒竖向接缝宽度，cm；

1.5——橡胶膜密度，g/cm³。

（16）密封部件重：

$$2 \times \frac{44.826}{55.080} = 1.63t$$

式中　2——8 万 m³ 煤气柜内橡胶膜密封部件重，t。

（17）活塞水平测量装置重：0.4t（同 8 万 m³ 煤气柜）。

（18）活塞挡板橡胶垫重：

$$0.6 \times \frac{25}{30} = 0.5t$$

式中　0.6——8 万 m³ 煤气柜活塞挡板橡胶垫重量，t。

（19）活塞外部支柱吊上装置重：

$$4.9 \times \frac{44.826}{55.080} = 4.0t$$

式中　4.9——8 万 m³ 煤气柜活塞外部支柱吊上装置重量，t。

不包括死、活配重时的活塞重量（W_P）为：

$$W_P = 61.04 + 27.83 + 4.69 + 23.28 + 3.49 + 5.78 + 1.9 +$$

$$0.29 + 0.213 + 0.353 + 5.63 + 8.43 + 0.318 +$$

$$15.15 + 3.57 + 1.63 + 0.4 + 0.5 + 4.0$$

$$= 168.49t$$

6.1.20 T挡板与活塞挡板升起时总的向上浮力

如图6-6所示，T挡板与活塞挡板升起（即活动体全升起）时所受浮力（F）为：

$$F = \frac{\pi}{4} \times 47.746^2 \times 300 \times 10^{-3} + 20.443$$

$$= 557.58t$$

式中   47.746——侧板内径，m；

300——煤气压力，kgf/m²；

20.443——5组调平装置配重的重量，t。

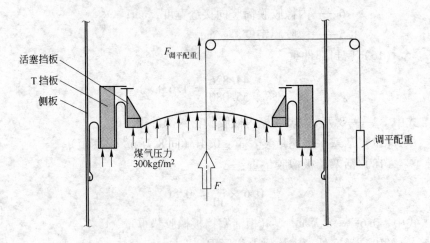

图6-6 T挡板与活塞挡板升起时所受浮力示意图

6.1.21 混凝土配重所需的总重量

混凝土配重所需的总重量（W_b）为：

$$W_b = F - (W_T + W_P)$$

$$= 557.58 - (126.93 + 168.49)$$

$$= 262.16t$$

其中，混凝土块的重量（W_{b1}）为：

$$W_{bl} = 0.125W_b = 32.77t$$

混凝土挡墙内的充填量（W_{bd}）为：

$$W_{bd} = 262.16 - 32.77 = 229.39t$$

6.1.22 活塞混凝土挡墙断面尺寸

活塞混凝土挡墙断面尺寸的计算示意图见图 6-7。

$$a^2 \times \pi(43.352 - a) \times 2.3 = 229.39$$

式中 2.3——假定的充填混凝土密度，t/m³。

整理上式后得：

$$43.352a^2 - a^3 = 31.75$$

当 $a = 0.87$ 时：

$$43.352 \times 0.87^2 - 0.87^3 = 32.2$$

选用 $a = 0.87$，32.2 > 31.75（且 32.2 ≈ 31.75）。

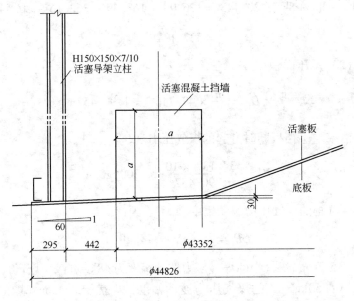

图 6-7 活塞混凝土挡墙断面尺寸的计算示意图

6.1.23　煤气压力与煤气压力波动幅度

活塞单独升起时的煤气压力为：

（1）向下的重力：

$$W_P + W_b - 20.443 = 168.49 + 262.16 - 20.443$$
$$= 410.207t$$

（2）承压面积：

$$\frac{\pi}{4} \times D_{Ti}^2 = \frac{\pi}{4} \times 45.546^2 = 1629.26 m^2$$

（3）活塞单独升起时的煤气压力（P_P）：

$$P_P = \frac{410.207 \times 10^3}{1629.26} = 252 kgf/m^2$$

活塞与 T 挡板同时升起的煤气压力（P）为：

（1）向下的重力：

$$W_T + W_P + W_b - 20.443 = 126.93 + 168.49 + 262.16 - 20.443$$
$$= 537.137t$$

（2）承压面积：

$$\frac{\pi}{4} \times D_i^2 = \frac{\pi}{4} \times 47.746^2 = 1790.457 m^2$$

活塞与 T 挡板同时升起的煤气压力（P）：

$$P = \frac{537.137 \times 10^3}{1790.457} = 300 kgf/m^2$$

煤气柜的煤气压力波动幅度（ΔP）为：

$$\Delta P = P - P_P = 48 kgf/m^2$$

即 5 万 m^3 煤气柜的煤气压力波动幅度为 48kgf/m^2，优于 8 万 m^3 煤气柜的 50kgf/m^2 的煤气压力波动幅度，更优于 3 万 m^3 煤气柜的 80kgf/m^2 的煤气压力波动幅度。

6.1.24　侧板的分段与厚度

$$1780 + 1760 + (1520 \times 14) + (1520 \times 5) + 1571 + 1500 = 35491mm$$

1段	2段	3～16段	17～21段	22段	23段	侧板全高
（最下段）						（最上段）

6mm	4.5mm	3.5mm	6mm
1段 ～ 10段	11段～16段	17段～22段	23段
侧板封闭承压区	侧板开孔承压区	侧板开孔无压区	加固段

6.1.25　柜本体参数

柜本体参数为：

公称容积	50000m³
储存容积（不包括死空间容积）	49801m³
侧板内径	47746mm
侧板高度	35491mm
密封段数	2
立柱根数	25
活塞标准行程（相当于49801m³储存容积）	29000mm
调平装置数	5
T挡板限位导辊数	上下各25个
回廊层数	3
煤气事故放散管根数	3
底板排水管（$\phi100mm$）根数	2
煤气入口管	D2420×8
回流转炉煤气 合成转炉煤气 }入口管	D1020×6
煤气出口管	D1420×6
储存煤气压力	300(高)/252(低)kgf/m²
柜本体空间利用系数	82%
适配转炉吨位	240t×2(或120t×3)

6.1.26　建柜地区的气象地质条件

建柜地区的气象地质条件为：

大气温度　　　　　冬季 – 10℃及以上

　　　　　　　　　夏季最高 + 43℃

风荷载　　　　　　离地 10m 高处 400Pa（40kgf/m²）

地基土壤类别　　　Ⅱ类土

地震烈度　　　　　≤ 7 度

6.1.27　5 万 m³ 橡胶膜型煤气柜设计小结

5 万 m³ 橡胶膜型煤气柜设计中的新举措有：

（1）事故放散煤气能力大，运行更加安全可靠。

（2）增设了侧板上的门（计 13 个，比 8 万 m³ 煤气柜多 5 个），进出壳体内部更加方便。

（3）适度放大了侧板上通风孔的开孔尺寸，使侧板上的进风面积增加了 150%，显著地改善了活塞上部空间的换气条件，使入内人员有清新感。

（4）改进了事故煤气放散阀的密封结构，减少了煤气的泄漏。

（5）煤气压力波动值约为 480Pa（48mm 水柱），是目前该类煤气柜中最低的。

（6）各项结构尺寸紧凑，具有重量轻、投资省的优势。

该项设计的活塞板，其板下不设支承梁，属柔性结构。于是当活塞板检修时，就须设置 134 根中间支柱来把中央部分活塞板顶起。因为底板为圆拱形，所以中间支柱的下部也要加工成曲面，而且距柜中心的半径不同曲面也不同。因此，每根支柱要严格编号，且有方向定位标志。如果方位反向，不但对活塞板起不到支撑作用，反而会造成局部变形。由此可见，安设中间支柱的操作是既繁杂又细致且需要劳动力又多。为了解决这一弊端，在中央部分的活塞板下增设支承梁，即改活塞板的柔性结构为刚性结构。这样一来就需相应地进行如下的改动：

（1）活塞板下采用辐射状的梁比较适宜。若采用辐射状的支承梁约需28t钢材；若采用格网状的支承梁约需46t钢材。

（2）取消134根中间支柱，约减重6t。

（3）50根周边支柱需加大断面，因为周边支柱支承着全部活塞的重量，该项约增重2t。

（4）其他各项工艺参数维持不变。

从以上分析可见，多耗24t钢材即可达成改造，提高性能。改造示意图见图6-8。

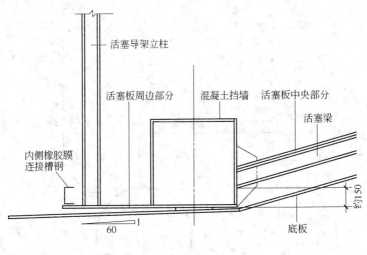

图 6-8   设计改造示意图

6.2   两个橡胶膜型煤气柜的串联扩容设计

6.2.1   两柜进行串联扩容的由来

随着转炉煤气吨钢产气指标突破设计限额时，原有已投产的煤气柜显得储存容量不够，这时就有必要另建一个煤气柜。为了在一个煤气柜停产检修时另一个可以备用投产，另建的煤气柜就有必要和前者的容积相同，这样一来备品与备件也可以减少。在正常情况下，两个煤气柜如何扩容使用，起初曾考虑过单柜运行、两柜串联运行、两柜并联运行这三种方式、六种控制程序。为了减少投资，以后又进一步收缩方案,将运行方式改为单柜运行、两柜串联运行的两种方式。就是两柜串联运行,也将1号柜在前、2号柜在后固定死。于是管路与阀门又进一步简化,只需在两柜入口管道上各增设一个DN3000蝶阀即可实现两柜串联扩容的运作。

6.2.2 两柜联动的管网连接

两柜联动的管网连接图见图6-9。

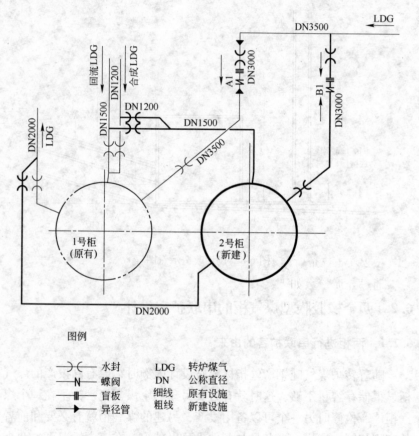

图例

图 6-9 两柜联动的管网连接图

柜区管网煤气切断装置的动作见表6-4。

表 6-4 柜区管网煤气切断装置的动作

煤气柜编号	安装地点	设备名称	规格/mm	个数	煤气柜的运行方式		
					串联	1号单动	2号单动
1号（原有）	入口管远离煤气柜处	切断水封	DN3000	1	开	开	①
	入口管两切断水封间	气动蝶阀	DN3000	1	程控	开	关
	入口管靠近煤气柜处	切断水封	DN3500	1	开	开	关
	出口管	切断水封	DN2000	1	开	开	关
	回流转炉煤气管	切断水封	DN1500	1	开	开	关
	合成转炉煤气管	切断水封	DN1200	1	开	开	关
2号（新建）	入口管远离煤气柜处	切断水封	DN3000	1	开	①	开
	入口管两切断水封间	气动蝶阀	DN3000	1	程控	关	开
	入口管靠近煤气柜处	切断水封	DN3000	1	开	关	开
	出口管	切断水封	DN2000	1	关	关	开
	回流转炉煤气管	切断水封	DN1500	1	关	关	开
	合成转炉煤气管	切断水封	DN1200	1	关	关	开

①当其后的气动蝶阀检修时关。

6.2.3 DN3000 煤气柜入口蝶阀性能及其操作转换

6.2.3.1 介质参数
通过介质参数如下：

介质名称	转炉煤气

介质成分（体积分数/%）

CO	CO_2	H_2	N_2
48.6~65	15.4~26.7	1.3~1.5	18.1~29.4

转炉煤气含尘量	$100mg/m^3$（标态）
转炉煤气灰尘粒度	$5\sim20\mu m$
煤气温度	≤75℃
煤气湿度	饱和状态
煤气流速	14m/s（一般）
	27m/s（最大）
介质压力	约3kPa（300mm 水柱）

6.2.3.2　性能要求

气动操作，事故状态下可手动操作，极限停止，从全开到全关小于或等于 20s，气动源为氮气，氮气压力为 0.3 ~ 0.7MPa，手动操作时控制电源切断。阀板的密封面有冲洗水装置。阀的操作有程序控制与非程序控制两种方式。阀的操作地点有机侧、煤气加压机电气室、能源中心，前者优先。

蝶阀参数如下：

蝶阀公称直径	3000mm
公称压力	0.05MPa
强度试验压力	0.08MPa
密封试验压力	0.06MPa
工作压力	0.05MPa
适用温度	≤90℃
适用介质	煤气
气缸工作压力	0.3 ~ 0.7MPa
冲洗水接点压力	0.3 ~ 0.4MPa
水冲洗方式	冲洗水的喷出与蝶阀的动作同步，即蝶阀开始转动（由关到开）时冲洗 1 分钟。处于常开位置时，每隔 30 分钟冲洗一次，每次冲洗 1 分钟。蝶阀关闭时冲洗一次，持续时间为 1 分钟
瞬时喷水量	56m³/h
给水接管	D89 × 4 两根（两根管平衡供水）
信号传递	包括蝶阀全闭、蝶阀全开、机侧手动、N₂ 压力低、蝶阀开启、关闭时间超过 30 秒时输出故障信号、冲水故障信号
供货范围	蝶阀本体及机侧盘（开关与冲洗）由阀门厂家供货，外接的信号及控制接点均由机侧盘接出

6.2.3.3　操作的转换与信号显示

一个蝶阀在三地的操作转换与信号显示见图 6-10。

煤气柜的运行方式转换设在能源中心，见图 6-11。

煤气柜现场机侧、煤气加压机电气室、能源中心三地操作开关启用条件见表 6-5。

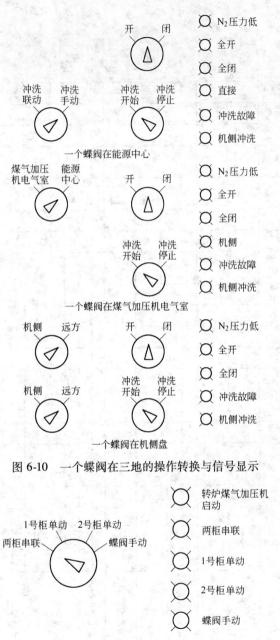

图 6-10　一个蝶阀在三地的操作转换与信号显示

图 6-11　运行方式转换在能源中心

表6-5　煤气柜现场机侧、煤气加压机电气室、能源中心三地操作开关启用条件

操作开关	状态选择	A₁蝶阀机侧盘 机侧(远方)	A₁蝶阀冲洗机侧盘 机侧(远方)	1号煤气柜计器器盘 GS 电气室(远方)	1号煤气柜计器器盘 GS 能源中心(远方)	B₁蝶阀机侧盘 机侧(远方)	B₁蝶阀冲洗机侧盘 机侧(远方)	2号煤气柜计器器盘 GS 电气室(远方)	2号煤气柜计器器盘 GS 能源中心(远方)	能源中心 两柜串联	能源中心 1号柜单动	能源中心 2号柜单动	蝶阀手动单动	冲洗冲洗联动手动	备注
A₁蝶阀机侧盘	开、闭（开始、停止）	○													横列的全部"○"成立时，相应状态适用选择方能源行 GS：代表煤气加压站
A₁蝶阀冲洗机侧盘	开、闭、冲洗（开始、停止）	○	○												
1号煤气柜计器器盘	开、闭	○		○											
1号煤气柜计器器盘	开、冲洗	○	○	○	○										
B₁蝶阀机侧盘	开、闭（开始、停止）					○									
B₁蝶阀冲洗机侧盘	开、闭、冲洗（开始、停止）					○	○								
2号煤气柜计器器盘	开、闭					○		○							
2号煤气柜计器器盘	开、冲洗					○	○	○	○						
能源中心（手动 A₁蝶阀）	两柜串联				○				○	○					
能源中心（手动 A₁蝶阀）	1号柜单动				○						○				
能源中心（手动 B₁蝶阀）	开、闭											○	○		
能源中心（手动 B₁蝶阀）	冲、洗												○		
冲洗联动	两柜串联													○ ○ ○	
冲洗联动	1号柜单动													○	
冲洗联动	2号柜单动													○	

6.2.4 两柜串联的前提——对1号柜的压力变动容积进行界定

煤气柜储气压力的变动应该发生在活塞挡板与T挡板碰触前后的一瞬间。在活塞与T挡板碰触之前活塞上的荷载仅仅是本身的荷载，在活塞与T挡板碰触之后活塞上的荷载就是活塞本身的荷载加上T挡板的荷载。因此，当活塞与T挡板相互碰触时的柜内储存容积该是多少，该数值就是煤气柜压力变动的容积界定值。该值可以按图6-12来计算。

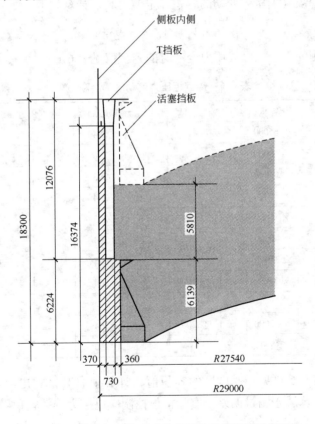

图6-12 煤气柜压力变动的容积界定值计算示意图

由图6-12可见煤气的储存容积（V_1）计算如下：

$$V_1 = \pi \times 27.54^2 \times 6.139 + \pi \times (27.54 + 0.36)^2 \times 5.81$$

$$= 28656 m^3 (属于深色的部分)$$

煤气死空间容积（V_0）计算如下：

$$V_0 = \pi \times (29^2 - 27.54^2) \times 6.139 +$$

$$\pi \times (29^2 - 28.63^2) \times (16.374 - 6.139)$$

$$= 2278 m^3 (属于阴影部分)$$

引起煤气柜压力变动的容积界定值（V_j）计算如下：

$$V_j = V_1 + V_0 = 30934 m^3$$

实测的 1 号柜煤气压力变动时的容积值见表 6-6。

表 6-6　煤气柜压力变动时的容积值

柜容积/m³			煤气压力/kgf·m⁻²	煤气压力/kgf·m⁻²
65000			294	
60000			290	
55000			293	
50000			294	
45000			293	
40000			294	300
35000			295	296
变压区	起 32000	止 32000	264	260
	止 32000	起 32000	264	
25000			250	250

由表 6-6 可见，变压区的容积值较计算值（V_j）超出约 1000m³ 的容积，这属于测量误差。实际柜位控制应以压力变动容积界定值为 32000m³ 为准。

从表 6-6 中还可看出，超过变压区容积值的储气压力为 290 ~ 300kgf/m²，等于或低于变压区容积值的储气压力为 250 ~ 264kgf/m²。

6.2.5 两柜串联运行时柜内压力制度的确定

两柜若串联运行，必有一个谁先谁后的问题。假如 1 号柜动作在前，2 号柜动作在后，自然 1 号柜活塞上的荷载要比 2 号柜活塞上的荷载要轻一些。由于煤气同时顶浮着两柜的活塞，当 1 号柜活塞上的荷载小于 2 号柜活塞上的荷载时，必然是 1 号柜的活塞先行浮起。

因两柜串联运行时活塞会交替上升，其上升程序为：

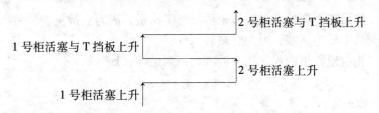

所以活塞上的荷载应满足下列条件：

$$W_{1号活塞} < W_{2号活塞} < W_{1号活塞+T挡板} < W_{2号活塞+T挡板}$$

相应地，柜内煤气压力应满足下列条件：

$$P_{1号活塞} < P_{2号活塞} < P_{1号活塞+T挡板} < P_{2号活塞+T挡板}$$

因为 $P_{1号活塞} = 250\text{kgf/m}^2$，$P_{1号活塞+T挡板} = 300\text{kgf/m}^2$，所以：

$$P_{2号活塞} = 275\text{kgf/m}^2$$

$$P_{2号活塞+T挡板} = 325\text{kgf/m}^2$$

1 号柜、2 号柜煤气压力变动范围分别为：

$$\Delta P_{1号柜} = 300 - 250 = 50\text{kgf/m}^2$$

$$\Delta P_{2号柜} = 325 - 275 = 50\text{kgf/m}^2$$

当两柜联动调试时，若能调到上述情况，这是设计所希望的。

反之，当活塞下降时，必然是活塞上荷载大的煤气柜先行下降，于是其下降程序为：

故活塞上的荷载应满足下列条件：

$$W_{2号活塞+T挡板} > W_{1号活塞+T挡板} > W_{2号活塞} > W_{1号活塞}$$

故最先下降的应是 2 号柜活塞与 T 挡板，因为它最重。最后下降的应是 1 号柜活塞，因为它最轻。

相应地，柜内煤气压力应满足下列条件（kgf/m²）：

$$325 > 300 > 275 > 250$$

6.2.6 两柜串联运行的控制程序

我们把 1 号煤气柜让其动作在前，认为它是主动的，称它为主柜。2 号煤气柜让其动作在后，认为它是从动的，称它为副柜。就跟跑接力比赛似的，1 号柜相当于第一棒起跑，2 号柜相当于第二棒接力。从增加储存容积的上升行程来看，是按着 1 号柜活塞→2 号柜活塞→1 号柜活塞与 T 挡板→2 号柜活塞与 T 挡板逐级升起。从减少储存容积的下降行程来看，是按着 2 号柜活塞与 T 挡板→1 号柜活塞与T 挡板→2 号柜活塞→1 号柜活塞逐级下降。

为了适应主柜与副柜这种升降程序，管网的布局和阀门的设置应做相应的调整。主柜管网上的水封阀要全部开启，副柜管网上的出口转炉煤气管道、回流转炉煤气管道、合成转炉煤气管道上的切断水封（DN2000、DN1500、DN1200）要全部切断。这时，转炉煤气不从 2 号柜的出口管道送出，回流转炉煤气和合成转炉煤气也不送到 2 号柜。进出 2 号柜的转炉煤气只从 DN3000 入口管往返，回流转炉煤气与合成转炉煤气只送往 1 号柜，合成转炉煤气的送入量是以 1 号柜的柜位（活塞行程）为标准而变化。

活塞的高位限位控制：

（1）1 号柜达 72000m³ 以上；

(2) 2 号柜达 70000m³ 以上；

(3) 两柜的煤气入口切断蝶阀均处于关闭状态。

符合上列条件之一者，通报至能源中心（E/C）并由炼钢厂进行放散。当 1 号柜和 2 号柜两柜中任一个煤气柜柜内容积达到 66000m³ 以下时，即通报至 E/C 并终止炼钢的放散。

活塞的低位限位控制：

(1) 1 号柜达 10000m³ 以下；

(2) 2 号柜达 18000m³ 以下。

符合上列条件之一者，往位于该柜区后面（按转炉煤气流向）的煤气加压站发出煤气加压机停机指令。当 1 号柜达 14000m³ 以上及 2 号柜达 22000m³ 以上时，且两者同时具备时通报至 E/C，E/C 侧的运转人员依据该通报启动煤气加压机。

2 号柜着手串联运行的启动条件是它的容积保有量要达到 22000m³。当 2 号柜柜内容积减少到 22000m³ 时，须关闭 2 号柜入口管道上的切断蝶阀，直至 1 号柜柜内容积增加到 32000m³（为仪表值，计算值约为 31000m³）时才打开。说到这里应提醒一下，这就是为什么 2 号柜作为两柜串联运行的副柜使用时，要将它的所有通路全切掉而只留煤气入口管道（煤气出口管道也是它），而且还安设了切断蝶阀。这个切断蝶阀一关闭等于是将一个盛有液体的袋子的口给扎住了。换句话说，2 号柜作为副柜来说，它的低位容量已经有了可靠的保障措施而不再需要回流转炉煤气和合成转炉煤气的充入了。

1 号柜作为两柜串联运行的主柜，它的柜容量低位控制和单独运行时一样，仍然需要回流转炉煤气和可控的合成转炉煤气接入。它的柜容量的次高位控制（70000m³）靠关闭 1 号柜的入口切断蝶阀来解决。待 1 号柜的柜容量降到 66000m³ 时又重新开启入口切断蝶阀。

说到这里，这种两柜串联运行的工艺设计意图已经很明朗了。即 1 号柜是吞吐的主流通道，称其为主柜名符其实。2 号柜是作为 1 号柜的临时储仓，其储存煤气的排出还须借助于 1 号柜的主流通道，其安保设施也不如 1 号柜那么完备，称其为副柜也属名符其实。

两柜串联运行的控制程序见图 6-13。

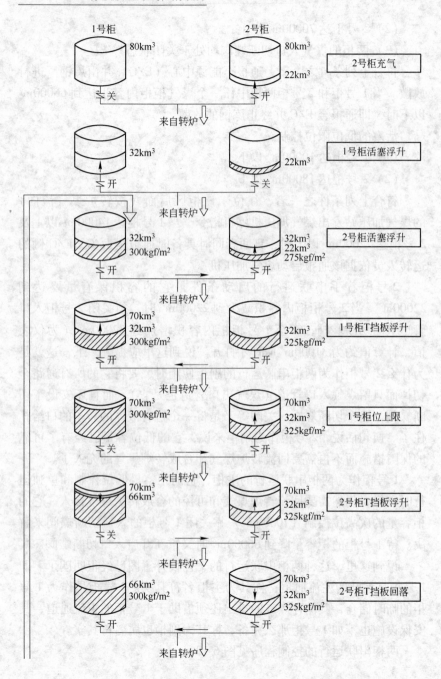

1号柜　　　　　　　　2号柜

80km³　　　　　　　80km³　　　　　　　2号柜充气
　　　　　　　　　　　22km³

关　　　　　　　　　开

来自转炉

32km³　　　　　　　　　　　　　　　1号柜活塞浮升
　　　　　　　　　　　22km³

开　　　　　　　　　关

来自转炉

32km³　　　　　　　32km³　　　　　　2号柜活塞浮升
300kgf/m²　　　　　22km³
　　　　　　　　　　　275kgf/m²

开　　　　　　　　　开

来自转炉

70km³
32km³　　　　　　　32km³　　　　　　1号柜T挡板浮升
300kgf/m²　　　　　325kgf/m²

开　　　　　　　　　开

来自转炉

70km³　　　　　　　70km³
300kgf/m²　　　　　32km³　　　　　　1号柜位上限
　　　　　　　　　　　325kgf/m²

关　　　　　　　　　开

来自转炉

70km³　　　　　　　70km³
66km³　　　　　　　32km³　　　　　　2号柜T挡板浮升
　　　　　　　　　　　325kgf/m²

关　　　　　　　　　开

来自转炉

66km³　　　　　　　70km³
300kgf/m²　　　　　32km³　　　　　　2号柜T挡板回落
　　　　　　　　　　　325kgf/m²

开　　　　　　　　　开

来自转炉

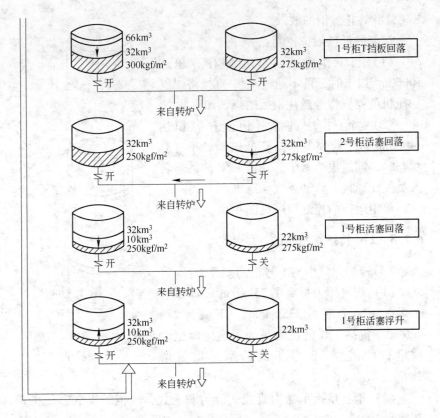

图 6-13　两柜串联运行的控制程序

6.2.7　单柜运行的控制程序

当一个转炉煤气柜检修时，另一个转炉煤气柜即转入单柜运行。不工作的转炉煤气柜的各个切断水封及切断蝶阀关闭，工作的转炉煤气柜的各个切断水封及切断蝶阀打开。合成转炉煤气的供给量以处于工作状态的煤气柜柜位（活塞高度）为准。

活塞的高位限位控制：

（1）工作中的煤气柜储存容积达 70000m³ 以上时，通报至 E/C，并由炼钢进行放散；

（2）当工作中的煤气柜储存容积达 66000m³ 以下时，通报至

E/C，并终止炼钢的放散。

活塞的低位限位控制：

（1）当工作中的煤气柜储存容积达
10000m³ 以下时，可不通过 E/C 直接将煤气
加压机的停机指令送往柜后的煤气加压站；

（2）当工作中的煤气柜储存容积达
14000m³ 以上且煤气入口切断蝶阀处于开启
状态时，即通报至 E/C，并由 E/C 侧的运转
人员按此通报，启动煤气加压机。

单柜运行的控制程序见图6-14。

6.2.8 2 号转炉煤气柜的性能特征

2 号转炉煤气柜与 1 号柜的差异为：

（1）煤气压力提高了 25kgf/m²，即煤气
柜煤气压力上限为 325kgf/m²，下限为 275
kgf/m²。提高了煤气压力是为了适应两柜串
联运行的需要，2 号柜的活塞配重将增
加 66t。

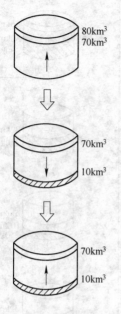

图 6-14 单柜运行的
控制程序

（2）柜容量指示器由直线式改为圆盘式，气柜的煤气容量指示
较醒目。

（3）煤气出入口管的夹角由 1 号柜的 120°扩展为 180°，使 2 号
柜单独运行时对煤气成分的混匀作用得以改善。对于原先的 1 号柜来
说，其转炉煤气热值的波动范围约为 6300 ~ 8400kJ/m³（标态），相当
于平均热值 7350kJ/m³（标态）的 ±14.3%。

2 号柜的规格与性能为：

型式	橡胶膜型干式煤气柜
容量	80000m³
储存介质	转炉煤气及合成转炉煤气
储存压力	2.7 ~ 3.2kPa（275 ~ 325kgf/m²）
煤气温度	<72℃
煤气湿度	饱和

煤气含尘量	约 100mg/m³（标态）
煤气吞吐量	同时回收两座转炉发生的煤气
	最大量 330000m³/h（标态）
柜本体事故放散能力	220000m³/h（标态）

2 号柜的柜本体结构参数为：

公称容积	80000m³
侧板高度	39.07m
侧板内径	58.00m
密封段数	2 段
立柱根数	30 根
活塞最大行程	31.704m
煤气事故放散管的根数	4 根（每根为 DN800）
活塞调平装置	6 组
底板排水管	6 根
T 挡板限位导辊	上、下部导辊各 30 个
回廊层数	3 层
转炉煤气入口管	D3016 × 8
转炉煤气出口管	D2012 × 6
回流转炉煤气与合成转炉煤气入口管	D2012 × 6

动力消耗为：

工业用水	放散管水封切断，不定期使用，2m³/（次·根）
氮气	柜本体检修时吹扫用，15000m³/次，接点压力 0.4~0.6MPa
电力	用于仪表和照明

柜本体重量为：

工艺部分	174.647t
结构部分	1255.910t
共计	1430.557t

6.3 15万 m³ 橡胶膜型煤气柜的概略计算

6.3.1 侧板内径与立柱根数

侧板内径（D）与公称容积之间的关系可大体上以下式计算：

$$\frac{\pi D^2}{4} \times 0.74D \times 0.81 = 150000$$

$$D = 68.3\text{m}$$

式中　$0.74D$——侧板假定高度；

　　0.81——假定的壳体空间利用系数；

　　150000——公称容积，该值接近于有效容积，m^3。

立柱的根数（N）为：

$$N = \frac{\pi \times 68.3}{6} = 35.76$$

N 值圆整后取 36

侧板内径的修正：

$$D = \frac{36 \times 6}{\pi} = 68.755\text{m}$$

式中　6——立柱间距的弧线长度，m。

6.3.2　活塞行程

活动体 100% 升起时的工况图见图 6-15。活塞行程（H_1）为：

$$H_1 = \frac{(150000 + 5000) \times 4}{\pi \times 68.755^2} = 41.75\text{m}$$

式中　5000——预定的余量，是用于补偿在各挡板的环隙中产生的那部分死容积，m^3。

活动体全着陆时的工况图见图 6-16。

6.3.3　活塞挡板的高度及内 T 挡板支架的高度

我们可以先设定活塞挡板的高度 H_P = 内挡板支架的高度 H_2' = 3700mm，如果对最终结果不满意，还可以再一次设定和调整。

6.3.4　内橡胶膜的有效高度和活动体的升程

活塞挡板的承压着陆状态如图 6-17 所示。

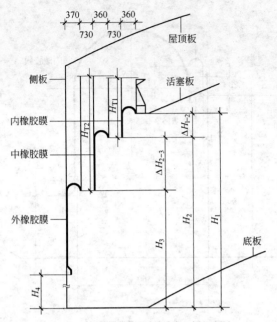

图 6-15 活动体 100% 升起时的工况

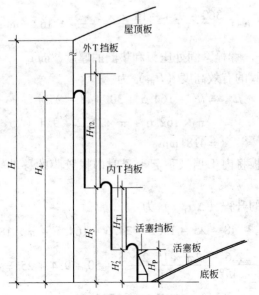

图 6-16 活动体全着陆时的工况

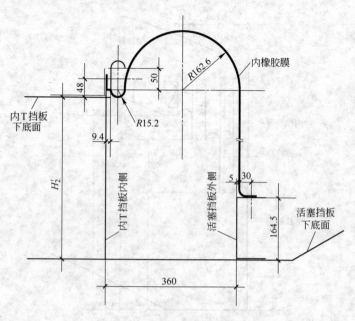

图 6-17 活塞挡板的承压着陆状态

$$R = \frac{360 - 9.4 - 15.2 \times 2 + 5}{2} = 162.6 \text{mm}$$

式中 9.4——螺栓紧固处压板和垫圈的厚度，mm。

内橡胶膜的有效高度（H_{R1}）为：

$$H_{R1} = H_2' - 164.5 + 30 + 48 - 25 +$$

$$\pi \times 162.6 + \pi \times 15.2 + 9.4 + 25$$

$$= 4181 \text{mm}$$

活塞挡板将内 T 挡板顶起上浮时内橡胶膜的移动轨迹如图 6-18 所示。

活动体的升程（ΔH_{1-2}）为：

$$\Delta H_{1-2} - 48 - 25 - 15.2 - 24.6 + 164.5 + \pi \times 182.5 +$$

$$30 + \frac{24.6}{\cos 45°} + \frac{2\pi \times 15.2 \times 3}{4} + 50 + 9.4 + 25 = 4181$$

$$\Delta H_{1-2} = 3335 \text{mm}$$

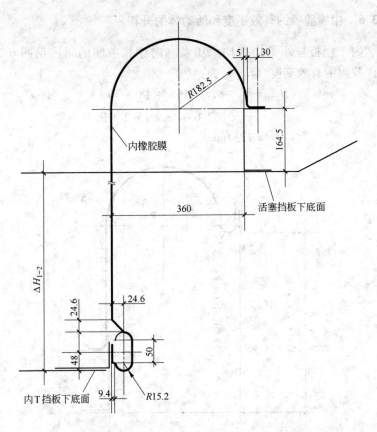

图 6-18 活塞挡板将 T 挡板顶起上浮时内橡胶膜的移动轨迹

6.3.5 内 T 挡板高度及外 T 挡板支架高度

如图 6-15 和图 6-16 所示，内 T 挡板高度（H_{T1}）为：

$$H_{T1} = \Delta H_{1-2} + H_P + 80 + 141 = 7256\text{mm}$$

式中 80——活塞挡板上橡胶垫的厚度，mm；

141——内 T 挡板顶架的高度，mm。

外 T 挡板支架高度（H'_3）为：

$$H'_3 = H'_2 + H_{T1} = 10956\text{mm}$$

6.3.6   中橡胶膜的有效高度和活动体的升程

内 T 挡板与外 T 挡板均承压着陆时中橡胶膜的轨迹见图 6-19。中橡胶膜的有效高度（H_{R2}）为：

$$H_{R2} = H_3' - H_2' - 168 + 48 + 30 +$$
$$\pi \times 162.6 + \pi \times 15.2 + 9.4$$
$$= 7734mm$$

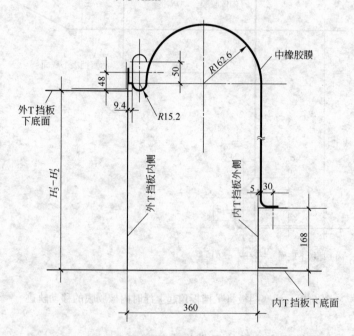

图 6-19   内 T 挡板与外 T 挡板均承压着陆时中橡胶膜的轨迹

内 T 挡板将外 T 挡板顶起上浮时中橡胶膜的移动轨迹如图 6-20 所示。活动体的升程（ΔH_{2-3}）为：

$$\Delta H_{2-3} + 168 - 48 - 25 - 15.2 - 24.6 + \pi \times 182.5 +$$
$$\frac{24.6}{\cos 45°} + 30 + \frac{2\pi \times 15.2 \times 3}{4} + 50 + 9.4 + 25 = 7734$$

$$\Delta H_{2-3} = 6885$$

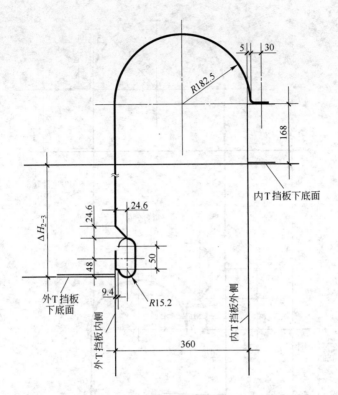

图 6-20   内 T 挡板将外 T 挡板顶起上浮时中橡胶膜的移动轨迹

6.3.7   外 T 挡板高度

如图 6-15 所示，外 T 挡板高度（H_{T2}）为：

$$H_{T2} = \Delta H_{2-3} + H_{T1} + 80 + 141 = 14362 \text{mm}$$

H_3 为：

$$H_3 = H_1 - \Delta H_{1-2} - \Delta H_{2-3} = 31530 \text{mm}$$

6.3.8   侧板密封角钢位置及外橡胶膜的有效高度

对照图 6-15、图 6-16、图 6-21 后列出下式：

$$x_1 + x_2 = H_3 - H_3' = 20574 \text{mm}$$

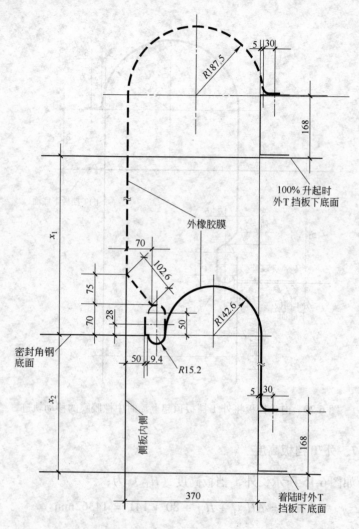

图 6-21　外 T 挡板 100% 升起与着陆时外橡胶膜的移动轨迹

　　鉴于在图 6-21 中的外橡胶膜在外 T 挡板 100% 升起与着陆时的长度应相等，于是列出下式：

$$x_1 + 168 - 70 - 75 + 30 + \pi \times 187.5 + 102.6 +$$

$$(50 + 9.4 + 15.2 - 70) + \frac{2\pi \times 15.2 \times 3}{4} + 50 + 9.4 + 25$$

$$= x_2 - 168 + 28 - 25 + 30 + \pi \times 142.6 + \pi \times 15.2 + 9.4 + 25$$

上式整理后得：

$$x_1 - x_2 = -510$$

解下列联立方程式：

$$\begin{cases} x_1 + x_2 = 20574 \\ x_1 - x_2 = -510 \end{cases}$$

得： $x_1 = 10032mm, \quad x_2 = 10542mm$

因此，侧板密封角钢位置（H_4）为：

$$H_4 = H_3' + x_2 = 21498mm$$

外橡胶膜的有效高度（H_{R3}）为：

$$H_{R3} = x_2 - 168 + 28 - 25 + 30 + \pi \times 142.6 + \pi \times 15.2 + 9.4 + 25$$

$$= 10937mm$$

$H_3' + H_{T2} - H_4 = 3820mm$（外 T 挡板着陆状态时外橡胶膜内侧挡板高度余量足够，$H_3' + H_{T2} - H_4 \geqslant 0$ 即可）

我们对三段式密封的 15 万 m³ 煤气柜的计算，是从起始点 $H_P = H_2' = 3700mm$ 开始的，而后得出一系列的结果。这些结果是否处在优化的位置上呢？让我们以 $H_P = H_2' = 3800mm$ 和 $H_P = H_2' = 3600mm$ 分别计算，并列表 6-7 上进行分析、比较，然后再来审视 $H_P = H_2' = 3700mm$ 是否选取得经济与合理。

表 6-7　15 万 m³ 柜的三种工艺参数计算结果　　　　（mm）

序号	名　称	符　号	方案 1	方案 2	方案 3
1	活塞挡板高度（内 T 挡板支架高度）	$H_P(H_2')$	3600	3700	3800
2	内橡胶膜有效高度	H_{R1}	4081	4181	4281
3	活塞在内 T 挡板内的升程	ΔH_{1-2}	3235	3335	3435
4	内 T 挡板高度	H_{T1}	7056	7256	7456
5	外 T 挡板支架高度	H_3'	10656	10956	11256
6	中橡胶膜有效高度	H_{R2}	7534	7734	7934
7	内 T 挡板在外 T 挡板内的升程	ΔH_{2-3}	6685	6885	7085

序 号	名 称	符 号	方案1	方案2	方案3
8	外 T 挡板高度	H_{T2}	13962	14362	14762
9	外 T 挡板 100% 升起后其底部高度	H_3	31830	31530	31230
10	外 T 挡板 100% 升程	$x_1 + x_2$	21174	20574	19974
11	上、下段升程差	$x_1 - x_2$	-510	-510	-510
12	上段升程（侧板密封角钢以上）	x_1	10332	10032	9732
13	下段升程（侧板密封角钢以下）	x_2	10842	10542	10242
14	侧板密封角钢高度	H_4	21498	21498	21498
15	外橡胶膜有效高度	H_{R3}	11237	10937	10637

从表6-7来看，方案 1 中外橡胶膜有效高度（H_{R3}）值偏高，该方案欠稳妥；方案 3 中内、外 T 挡板高度（H_{T1} 及 H_{T2}）及内、外 T 挡板支架高度（H'_2 及 H'_3）均偏高，该方案经济性欠佳。方案 2 较适中，即方案 2 中的各项数据处在优化的位置上，选取 $H_P = H'_2 = 3700$mm 作为计算过程的起始点能收到经济与合理的效果。

6.3.9 内、中、外橡胶膜筒有效高度的调整

我们在橡胶膜的轨迹算图中使用的弧线段是半圆形，如图6-22a 所示，这是为了计算上的方便，出现这种线形实属未预拉伸的情况。

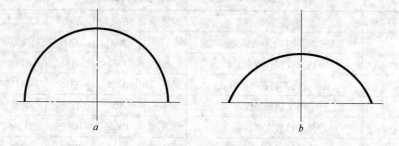

图 6-22 橡胶膜形状

a—未预拉伸；b—预拉伸

而实际的情况是希望有一点预拉伸，这样做是希望橡胶膜的位移会更灵敏一些，如图 6-22b 所示。

再加上长期处于拉伸状态下还会产生一些永久变形，于是我们对各橡胶膜筒的有效高度（定货用）做以下调整，见表 6-8。

表 6-8　各橡胶膜筒有效高度的调整　　（mm）

名　　称	调整前	调整后
内橡胶膜筒有效高度	4181	4139
中橡胶膜筒有效高度	7734	7657
外橡胶膜筒有效高度	10937	10828

6.3.10　侧板的分段、壁厚、总高度

由图 6-15 和图 6-16 对照可得侧板总高度（H）：

$$H = H_3 + H_{T2} + 1150 = 47042 \text{mm}$$

式中　1150——侧板的高度余量，mm。

现在我们分析一下侧板各分区的高度：

（1）侧板封闭承压区的高度（H_G）为：

$$H_G = H_4 + 168 = 21666 \text{mm}$$

式中　168——结构上的预留量，mm。

（2）侧板开孔承压区的高度（H_A）为：

$$H_A = H_3 + 168 - H_G = \text{`}10032 \text{mm}$$

（3）侧板开孔无压区的高度（H_B）为：

$$H_B = H - H_G - H_A = 15344 \text{mm}$$

侧板的分段与壁厚见表 6-9。

表 6-9   侧板的分段与壁厚

段　数	分区特征	高度/mm	壁厚/mm	备　注
1 段（最下段）		1600	6	承压、承载、转角
2 段	封闭承压区	1586	4.5	
3～14 段		1540×12	4.5	
15～21 段	开口承压区	1540×7	4.5	
22～27 段		1540×6	3.5	
28～29 段	开孔无压区	1800×2	4.5	过　渡
30 段（最上段）		1756	6	承载、加固、转角

6.3.11   壳体空间利用系数

壳体空间利用系数（K）为：

$$K = \frac{H_1}{H} = 88.8\%$$

3 万 m^3、5 万 m^3、8 万 m^3 煤气柜均为二段式密封的橡胶膜型煤气柜，其壳体空间利用系数分别为 79.7%、81.7%、81.1%。15 万 m^3 柜为三段式密封的橡胶膜型煤气柜，最大限度地利用了橡胶膜筒的有效高度，并施以合理的过渡与衔接。其壳体空间利用系数高，说明其柜本体的耗钢量低、经济性能优越。

6.3.12   煤气柜的有效储存容积

参考图 6-15 和图 6-16，煤气柜的死空间容积（V_d）为：

$$
\begin{aligned}
V_d = &\pi \times (68.755 - 0.37) \times 0.37 \times H_4 + \\
&\pi \times (68.755 - 2 \times 0.37 - 0.73) \times 0.73 \times H_3' + \\
&\pi \times [68.755 - 2 \times (0.37 + 0.73) - 0.36] \times 0.36 \times H_3' + \\
&\pi \times [68.755 - 2 \times (0.37 + 0.73 + 0.36) - 0.73] \times 0.73 \times H_2' + \\
&\pi \times [68.755 - 2 \times (0.37 + 0.73 + 0.36 + 0.73) - 0.36] \times 0.36 \times H_2' \\
= &5037 m^3
\end{aligned}
$$

参考图 6-15，煤气柜的最大储存容积（V_m）为：

$$V_m = \frac{\pi \times 68.755^2}{4} \times H_3 + \frac{\pi \times [68.755 - 2 \times (0.37 + 0.73)]^2}{4} \times$$

$$\Delta H_{2-3} + \frac{\pi \times [68.755 - 2 \times (0.37 + 0.73 + 0.36 + 0.73)]^2}{4} \times \Delta H_{1-2}$$

$$= 151872 \text{m}^3$$

煤气柜的有效储存容积（V_k）为：

$$V_k = V_m - V_d = 146835 \text{m}^3$$

6.3.13 适配转炉吨位、事故煤气放散管的直径和根数

适配转炉吨位（G）为：

$$G = \frac{V_k \times 0.97}{1.65 \times 120} = 718 \text{t}$$

式中　$0.97 = \dfrac{p}{1.43 \, (p - m)}$，其中，$p$ 为吹炼周期，假定 $p = 36 \text{min}$；

$\quad\quad\quad\quad m$ 为吹炼周期内的回收时间，假定 $m = 10 \text{min}$；

$\quad\quad$ 1.65——转炉煤气在 67℃ 和 2.5kPa（250mm 水柱）的相对压

$\quad\quad\quad\quad\quad$力时的饱和湿煤气的体积校正系数（标态），$\text{m}^3/\text{m}^3$；

$\quad\quad$ 120——转炉煤气的最大产气率（标态），m^3/t。

即 15 万 m³ 的橡胶膜型煤气柜近似地可以适配 2 座 360t 转炉同时吹炼的需要，即适配 3 吹 2 的 360t 转炉的生产能力。

2 座 360t 转炉同时吹炼时的最大煤气发生量（Q_m）为：

$$Q_m = 360 \times 2 \times 120 \times \frac{60}{10} \times 1.65$$

$$= 855360 \text{m}^3/\text{h}(小时瞬间最大量)$$

式中　10——假定的吹炼一炉钢水的煤气回收时间，min。

15 万 m³ 煤气柜应具有的最大放散能力（Q_p）为：

$$Q_p = Q_m \left(1 - \frac{m}{p} \right) = 617760 \text{m}^3/\text{h}$$

事故煤气放散管的根数（n）确定为6，则每根事故煤气放散管的直径（d）为：

$$d = \sqrt{\dfrac{Q_p \times 4}{n \times 0.6 \times \sqrt{\dfrac{2 \times 9.8 \times 300}{0.983}} \times \pi \times 3600}} = 0.886\text{m}$$

式中　0.6——孔口系数；

　　　9.8——重力加速度，m/s^2；

　　　300——煤气压力，kgf/m^2；

　　　0.983——转炉煤气的实际密度，kg/m^3。

d 选用 ϕ900mm。

6.3.14　煤气冷凝水排水管的直径和根数

转炉煤气往柜外输出的平均小时流量（Q）为：

$$Q = 360 \times 2 \times 120 \times \dfrac{60}{36} \times 1.65 = 23.76 \times 10^4 \text{m}^3/\text{h}$$

式中　36——转炉的假定冶炼周期，min。

转炉煤气的极限冷凝水量（G_w）为：

$$G_w = \dfrac{23.76 \times 10^4}{1.65} \times 0.299 \times 10^{-3} = 43\text{t/h}(\text{或 m}^3/\text{h})$$

式中　0.299——67℃时的煤气饱和含湿量（标态），kg/m^3；

　　　1.65——转炉煤气的体积校正系数（标态），m^3/m^3。

假定煤气冷凝水排水管的直径（d_w）为 100mm 时，所需要的排水管根数（n_w）为：

$$n_w = \dfrac{G_w \times 4}{\pi \times 0.1^2 \times 0.8 \times 3600} = 1.9$$

式中　0.8——假定的排水管中排水速度，m/s。

考虑到灰泥对过流断面的部分堵塞及检修的因素，n_w 值选用6。

6.3.15　煤气进出口管道管径

煤气进口管径选用 D4016×8。管中最大煤气流速（v_m）核算如下：

$$v_m = \frac{855360 \times 4}{3600 \times \pi \times 4^2} = 18.9 \text{m/s}$$

煤气出口管径选用 D2516×8。管中平均煤气流速（v）核算如下：

$$v = \frac{237600 \times 4}{3600 \times \pi \times 2.5^2} = 13.4 \text{m/s}$$

合成转炉煤气充入及回流转炉煤气管径选用 D2212×6。管中煤气流速（v_b）核算如下：

$$v_b = \frac{237600 \times 4}{3600 \times \pi \times 2.2^2} = 17.4 \text{m/s}$$

6.3.16　外 T 挡板重量

外 T 挡板重量包括：

（1）支柱重：

$$44.06 \times \frac{36 \times 14.362}{30 \times 12.076} = 62.9 \text{t}$$

式中　44.06——8 万 m³ 煤气柜 T 挡板支柱重量，t；

　　　　30——8 万 m³ 煤气柜立柱根数；

　　12.076——8 万 m³ 煤气柜 T 挡板高度，m。

（2）环形桁架重：

$$51.84 \times \frac{68.015 \times 14.362}{57.26 \times 12.076} = 73.2 \text{t}$$

式中　51.84——8 万 m³ 煤气柜 T 挡板环形桁架重量，t；

　　57.26——8 万 m³ 煤气柜 T 挡板外径，m。

（3）斜撑与直梯重：

$$29.53 \times \frac{36 \times 14.362}{30 \times 12.076} = 42.1 \text{t}$$

式中　29.53——8 万 m³ 煤气柜 T 挡板斜撑与直梯的重量，t。

（4）扶手重：

$$3.71 \times \frac{68.015}{57.26} = 4.4t$$

式中　3.71——8 万 m³ 煤气柜 T 挡板扶手的重量，t。

（5）上、下导轮重：

$$0.84 \times \frac{36}{30} = 1t$$

式中　0.84——8 万 m³ 煤气柜上、下导轮重，t。

（6）波纹板重：

$$35.06 \times \frac{21.498 - 10.956}{10} \times \frac{68.015}{57.26} = 43.9t$$

式中　35.06——8 万 m³ 煤气柜波纹板重量，t；

　　　10——8 万 m³ 煤气柜波纹板高度，m；

　　21.498——15 万 m³ 煤气柜的 H_4（参见图 6-16），m；

　　10.956——15 万 m³ 煤气柜的 H_3'（参见图 6-16），m。

（7）内侧护板重：

$$\pi \times 66.555 \times 6.885 \times 0.0032 \times 7.85 = 36.2t$$

式中　66.555——15 万 m³ 煤气柜外 T 挡板内侧直径，m；

　　6.885——15 万 m³ 煤气柜的 ΔH_{2-3}（参见图 6-15），m；

　　0.0032——15 万 m³ 煤气柜外 T 挡板内侧护板板厚，m；

　　7.85——钢的密度，t/m³。

外 T 挡板重量估算值（W_{T2}）为：

$$W_{T2} = 62.9 + 73.2 + 42.1 + 4.4 + 1 + 43.9 + 36.2$$
$$= 263.7t$$

6.3.17   外橡胶膜及 50% 密封部件重量

外橡胶膜及 50% 密封部件重量包括：

（1）外橡胶膜重：

$$7.11 \times \frac{10.828 \times 68.015}{10.2 \times 57.26} = 9t$$

式中　7.11——8 万 m³ 煤气柜外橡胶膜重量，t；

　　10.2——8 万 m³ 煤气柜外橡胶膜的有效高度，m。

（2）50%的密封部件重：

$$2.5 \times 0.5 \times \frac{68.755}{58} = 1.5t$$

式中　2.5——8万 m³ 煤气柜外橡胶膜密封部件重量，t；

58——8万 m³ 煤气柜侧板内径，m。

外橡胶膜及50%的密封部件的重量估算值（W_{R3}）为：

$$W_{R3} = 9 + 1.5 = 10.5t$$

6.3.18　内 T 挡板重量

内 T 挡板重量包括：

（1）支柱重：

$$44.06 \times \frac{36 \times 7.256}{30 \times 12.076} = 31.8t$$

式中　7.256——15万 m³ 煤气柜内 T 挡板高，m。

（2）环形桁架重：

$$51.84 \times \frac{65.835 \times 7.256}{57.26 \times 12.076} = 35.8t$$

式中　65.835——15万 m³ 煤气柜内 T 挡板外径，m。

（3）斜撑与直梯重：

$$29.53 \times \frac{36 \times 7.256}{30 \times 12.076} = 21.3t$$

（4）扶手重：

$$3.71 \times \frac{65.835}{57.26} = 4.3t$$

式中　3.71——8万 m³ 煤气柜 T 挡板扶手重，t。

（5）波纹板重：

$$35.06 \times \frac{10.956 - 3.7}{10} \times \frac{65.835}{57.26} = 29.2t$$

式中　10.956——15万 m³ 煤气柜的 H_3'（参见图6-16），m；

3.7——15万 m³ 煤气柜的 H_2'（参见图6-16），m。

（6）内侧护板重：

$$\pi \times 64.375 \times 3.335 \times 0.0032 \times 7.85 = 16.9t$$

式中   64.375——15 万 m^3 煤气柜内 T 挡板内侧直径，m；

3.335——15 万 m^3 煤气柜的 ΔH_{1-2}（参见图 6-15），m。

内 T 挡板重量估算值（W_{T1}）为：

$$W_{T1} = 31.8 + 35.8 + 21.3 + 4.3 + 29.2 + 16.9$$
$$= 139.3t$$

6.3.19   中橡胶膜及其密封部件重量

中橡胶膜及其密封部件重量包括：

（1）中橡胶膜重：

$$7.11 \times \frac{7.657 \times 65.835}{10.2 \times 57.26} = 6.1t$$

式中   7.657——15 万 m^3 煤气柜中橡胶膜的有效高度，m。

（2）中橡胶膜密封部件重：

$$2.5 \times \frac{65.835}{57.26} = 2.9t$$

式中   2.5——8 万 m^3 煤气柜外橡胶膜密封部件重，t。

中橡胶膜及其密封部件重量估算值（W_{R2}）为：

$$W_{R2} = 6.1 + 2.9 = 9t$$

6.3.20   内橡胶膜及 50% 密封部件重量

内橡胶膜及 50% 密封部件重量包括：

（1）内橡胶膜重：

$$4.277 \times \frac{4.139 \times 63.655}{6.348 \times 55.08} = 3.2t$$

式中   4.277——8 万 m^3 煤气柜内橡胶膜重，t；

6.348——8 万 m^3 煤气柜内橡胶膜有效高度，m；

55.08——8 万 m^3 煤气柜活塞挡板外径，m；

4.139——15 万 m^3 煤气柜内橡胶膜有效高度，m；

63.655——15万 m³ 煤气柜活塞挡板外径，m。

（2）内橡胶膜50%的密封部件重：

$$2 \times 0.5 \times \frac{63.655}{55.08} = 1.2t$$

式中 2——8万 m³ 煤气柜内橡胶膜密封部件重，t。

内橡胶膜及50%的密封部件重量估算值（W_{R1}）为：

$$W_{R1} = 3.2 + 1.2 = 4.4t$$

6.3.21 煤气柜的压力波动幅度

影响压力波动的荷载（ΔW）包括：

外 T 挡板重量	$W_{T2} = 263.7t$
外橡胶膜及50%密封部件重量	$W_{R3} = 10.5t$
内 T 挡板重量	$W_{T1} = 139.3t$
中橡胶膜及其密封部件重量	$W_{R2} = 9t$
内橡胶膜及50%密封部件重量	$W_{R1} = 4.4t$

合　计　　　　　　　$\Delta W = 426.9t$

煤气压力的波动幅度（Δp）为：

$$\Delta p = \frac{\Delta W \times 4}{\pi D^2} = \frac{426.9 \times 4 \times 10^3}{\pi \times 68.755^2} = 115kgf/m^2$$

该 Δp 值显得大了一些，若内、外 T 挡板能采用低合金高强度钢来代替过去沿用的普通碳素钢，则将降低 W_{T2}、W_{T1} 值，Δp 值降至 $100kgf/m^2$ 以下是有可能兑现的。

6.3.22 活塞与活塞挡板的结构重量

应该指出的是，这里活塞的结构重量是不包括混凝土配重（活动的和固定的）的那部分重量。

这里先描述一下活塞的结构特点。活塞成圆拱形，但拱顶在 2.5m 的半径范围内要做成平顶，以便于兼做超声波测高计的反射平台。活塞板、梁的周边起拱角度宜选取 22.5°。在混凝土挡墙（环梁）的内侧设刚性的支承梁，这点和以往的设计是不同的。以往的活塞板系柔性结构，其活塞板下不设支承梁。我们这里活塞板梁改为刚性结构是为了取消 275 根中间支柱以减轻检修时的繁重劳动。设于混凝土挡墙内的周边支柱要增加断面，以便于检修时承载整个活塞上的荷载。

现将活塞与活塞挡板的重量做以下的估算：

（1）活塞板重：

$$92.166 \times \frac{63.655^2}{55.08^2} = 123.1t$$

式中   92.166——8 万 m³ 煤气柜活塞板重，t；

55.08——8 万 m³ 煤气柜活塞挡板外径，m。

（2）活塞梁重。活塞梁由径向主梁、环向梁、径向支梁组成。若径向主梁及环向梁采用［280mm×86mm×11.5/12.5mm 及径向支梁采用∠75mm×75mm×6mm 时，估计活塞梁重约为 119.3t。

（3）活塞挡板重：

$$41.035 \times \frac{63.655 \times 3.7}{55.08 \times 6.144} = 28.6t$$

式中   41.035——8 万 m³ 煤气柜活塞挡板重，t；

6.144——8 万 m³ 煤气柜活塞挡板高，m。

（4）钢绳架、外部支柱套筒估计重量 8t。

（5）活塞外周混凝土挡墙重：

$$40.865 \times \frac{63.655}{55.08} \times 1.5 = 70.8t$$

式中   40.865——8 万 m³ 煤气柜活塞外周混凝土挡墙重，t；

1.5——考虑到 15 万 m³ 煤气柜的混凝土充填量大于 8 万 m³ 煤气柜的系数。

（6）活塞外周支柱及支柱吊上装置重：

$$22.64 \times 3.2 \times 36 \times 2 \times 10^{-3} + 4.9 \times \frac{63.655}{55.08} = 10.9t$$

式中   22.64——D159×6 无缝钢管的单重，kg/m；

3.2——一根活塞外周支柱的长度，m；

36——立柱数；

2——每根立柱处设两根活塞外周支柱；

4.9——8万 m³ 煤气柜支柱吊上装置重量，t。

（7）活塞挡板上部扶手重：

$$2.34 \times \frac{63.655}{55.08} = 2.7t$$

式中 2.34——8万 m³ 煤气柜活塞挡板上部扶手重量，t。

（8）活塞挡板环向桁架重：

$$6.917 \times \frac{63.655}{55.08} = 8t$$

式中 6.917——8万 m³ 煤气柜活塞挡板环向桁架重，t。

（9）波纹板重：

$$22.333 \times \frac{63.655 \times 3.700}{55.08 \times 6.144} = 15.5t$$

式中 22.333——8万 m³ 煤气柜活塞挡板波纹板重，t；

6.144——8万 m³ 煤气柜活塞挡板高度，m。

（10）活塞外周检查走廊重：

$$10.358 \times \frac{63.655}{55.08} = 12t$$

（11）内橡胶膜50%的密封部件重量约1.2t（见前）。

活塞与活塞挡板的重量估算值（W_P）为：

$$W_P = 123.1 + 119.3 + 28.6 + 8 + 70.8 +$$

$$10.9 + 2.7 + 8 + 15.5 + 12 + 1.2$$

$$= 400.1t$$

6.3.23 活塞上混凝土配重量

活塞上混凝土配重量（W_C）为：

$$W_C = \frac{\pi \times 68.755^2 \times 300 \times 10^{-3}}{4} + 24.535 -$$

$$(W_P + W_{T1} + W_{T2} + W_{R1} + W_{R2} + W_{R3})$$

$$= 1113.8 + 24.535 - 827$$

$$= 311.3t$$

式中　68.755——侧板内径，m；

　　　　300——煤气柜的最高储气压力，kgf/m²；

　　24.535——6 组调平装置的配重总重量，t。

6.3.24 活塞混凝土挡墙断面尺寸

混凝土配重量的分配为：

活配重量（W_{Cm}）　　39t　　　　约占 W_C 的 12.5%

死配重量（W_{Cd}）　　272.3t　　　约占 W_C 的 87.5%

还有一种分配法是 $W_{Cm} : W_{Cd} = 15 : 85$。前一种比较经济，后一种比较保险。如果施工程序合理一些，往挡墙内充填混凝土及活配重块的制作放后一点，活动体由于材料代用对结构重量的增减心中有数，那么选用前一种就经济；如果能根据材料代用而合理地调整死、活配重的比例，那么效果就更好。对于内、外 T 挡板的材料供应，设计上不主张材料代用，而且主张选用同一工厂的同一批钢材，要么全是正公差，要么全是负公差，再加上焊接厚度的控制又严格，这样一来内、外 T 挡板的升降才能自如、平稳。

活塞混凝土挡墙断面尺寸（a）值的计算如图 6-23 所示。可建立如下方程：

$$0.85a^2 \times \pi(62.175 - a) \times 2.3 = 272.3$$

式中　0.85——挡墙内的混凝土充满度；

　　　2.3——假定的混凝土密度，t/m³；

　　272.3——挡墙内的混凝土充填量，t；

　　　　a——挡墙的内边长，m。

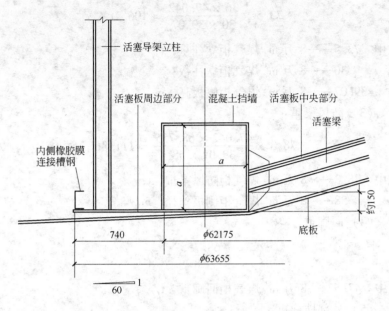

图 6-23　活塞混凝土挡墙断面尺寸计算示意图

上式整理后得：

$$62.14a^2 - a^3 = 44.31$$

得：

$$a = 0.85\text{m}$$

设计决定活塞混凝土挡墙内截面采用正方形，边长为 0.9m。

6.3.25　柜本体非活动体结构重量

柜本体非活动体结构重量包括：

（1）侧板重：

3.5mm 厚钢板	56.3t
4.5mm 厚钢板	269.2t
6mm 厚钢板	35.5t
侧板加强筋（∠125mm×80mm×7mm）	71.7t
合　　计	432.7t

（2）立柱重：

$$73.5 \times \frac{36 \times 47.042}{30 \times 39.07} = 106.2t$$

式中　73.5——8 万 m³ 煤气柜立柱重，t；

　　　 30——8 万 m³ 煤气柜立柱数；

　 39.07——8 万 m³ 煤气柜侧板高，m。

（3）防风梁重：

$$78.3 \times \frac{47.042 \times 68.755}{39.07 \times 58} = 111.8t$$

式中　78.3——8 万 m³ 煤气柜防风梁重，t；

　　　 58——8 万 m³ 煤气柜侧板外径，m。

（4）回廊重：

$$47.5 \times \frac{68.755}{58} = 56.3t$$

式中　47.5——8 万 m³ 煤气柜回廊重，t。

（5）外部楼梯重：

$$5.2 \times \frac{47.042}{39.07} = 6.3t$$

式中　5.2——8 万 m³ 煤气柜外部楼梯重，t。

（6）调平装置支架重与 8 万 m³ 煤气柜相同，取值 39.5t。

（7）屋顶重包括：

1）屋顶板重：

$$76.9 \times \frac{68.755^2}{58^2} = 108.1t$$

式中　76.9——8 万 m³ 煤气柜屋顶板重，t。

2）中央通风孔重。8 万 m³ 煤气柜的中央通风孔重约 3t，这里的 15 万 m³ 煤气柜拟适当地放大至 4.5t。

3）屋顶周边人孔重：

$$2.7 \times \frac{36}{30} = 3.2t$$

式中　2.7——8 万 m³ 煤气柜屋顶周边人孔重，t；

　　　 30——8 万 m³ 煤气柜立柱根数。

4）照明灯座重同 8 万 m³ 煤气柜，采用 6 个照明灯座，计 2t 重。

5）屋顶梁重。拟采用类似于活塞梁的那种刚性结构。其重量估算如下：

$$119.3 \times \frac{68.755^2}{63.655^2} = 139.2t$$

式中　119.3——15 万 m³ 煤气柜活塞梁重，t；

　68.755——15 万 m³ 煤气柜侧板内径，m；

　63.655——15 万 m³ 煤气柜活塞的外周直径，m。

屋顶重量估算为：

$$108.1 + 4.5 + 3.2 + 2 + 139.2 = 257t$$

（8）外 T 挡板支架重：

$$35.49 \times \frac{68.755 \times 10.956}{58 \times 6.224} = 74.1t$$

式中　35.49——8 万 m³ 煤气柜 T 挡板支架重，t；

　6.224——8 万 m³ 煤气柜 T 挡板支架高，m。

（9）外 T 挡板支架在出口管部分金属构件重同 8 万 m³ 煤气柜，取值 3.3t。

（10）内 T 挡板支架重：

$$35.49 \times \frac{65.835 \times 3.7}{58 \times 6.224} = 24t$$

式中　65.835——15 万 m³ 煤气柜内 T 挡板外径，m；

　3.7——15 万 m³ 煤气柜内 T 挡板支架高，m。

内、外 T 挡板支架的连接示意图见图 6-24。

（11）底板重：

$$110.4 \times \frac{68.755^2}{58^2} = 155.1t$$

式中　110.4——8 万 m³ 煤气柜底板重，t。

（12）屋顶走廊、屋顶钢绳支承架、内部平台估计重量约 5.8t。

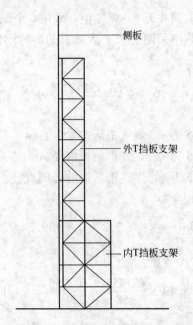

图 6-24　内、外 T 挡板支架的连接示意图

柜本体非活动体结构重量估算值：

$$432.7 + 106.2 + 111.8 + 56.3 + 6.3 + 39.5 +$$
$$257 + 74.1 + 3.3 + 24 + 155.1 + 5.8 = 1272.1t$$

6.3.26　柜本体的工艺、设备重量

柜本体的工艺、设备重量包括：

（1）调平装置重与 8 万 m³ 煤气柜相近，取值 42.7t。

（2）$\phi900mm$ 事故煤气放散管重包括：

1）$\phi900mm$ 管道重：

$$22.1 \times \frac{6 \times 900}{4 \times 800} = 37.3t$$

式中　22.1——8 万 m³ 煤气柜 $\phi800mm$ 事故煤气放散管重，t；

4——8 万 m³ 煤气柜 $\phi800mm$ 事故煤气放散管根数；

6——15 万 m³ 煤气柜 $\phi900mm$ 事故煤气放散管根数。

2）ϕ900mm 煤气放散阀阀体重：

$$4.1 \times \frac{6 \times 900^2}{4 \times 800^2} = 7.8t$$

式中 4.1——8万 m³ 煤气柜放散阀总重，t。

3）自动和手动开闭装置重：

$$2.9 \times \frac{6}{4} = 4.4t$$

式中 2.9——8万 m³ 煤气柜自动和手动开闭装置总重，t。

ϕ900mm 事故煤气放散管总重估算：

$$37.3 + 7.8 + 4.4 = 49.5t$$

（3）柜本体附件重同8万 m³ 煤气柜，取值6.2t。

（4）给排水管道重：

$$8.6 \times \frac{6}{4} = 12.9t$$

式中 8.6——8万 m³ 煤气柜给排水管道重，t。

（5）氮气管道重：

$$1 \times \frac{68.755}{58} = 1.2t$$

式中 1——8万 m³ 煤气柜氮气管道重，t。

（6）侧板密封角钢及橡胶膜导向件估计重量1.3t。

（7）煤气出入口管道接管估计重量2.4t。

（8）柜容量指示器2.2t。

（9）活塞水平测量装置0.5t。

柜本体的工艺、设备重量估算值：

$$42.7 + 49.5 + 6.2 + 12.9 + 1.2 + 1.3 + 2.4 + 2.2 + 0.5 = 119t$$

6.3.27 柜本体总重量统计

柜本体总重量包括：

（1）活动体（活塞、T挡板、橡胶膜等）结构重827t。

（2）非活动体（侧板、底板、屋顶等）结构重1272.1t。

（3）工艺、设备重 119t。

柜本体总重量估算值：

$$827 + 1272.1 + 119 = 2218.1t$$

15 万 m^3 煤气柜单位容积耗钢量为 14.8kg/m^3。国内 3 万 m^3、5 万 m^3、8 万 m^3 煤气柜的单位容积耗钢量分别为 28.5kg/m^3、21.7kg/m^3、17.9kg/m^3。

一个 15 万 m^3 煤气柜相当于两个 8 万 m^3 煤气柜的容积。两个 8 万 m^3 煤气柜的柜本体重量为：1430.6 × 2 = 2861.2t，一个 15 万 m^3 煤气柜的柜本体重量为：2218.1t，两者相差 643.1t。

一个 15 万 m^3 煤气柜的储存量和吞吐能力相当于两个 8 万 m^3 煤气柜，但其本体钢材消耗量却可节约 643.1t，占地面积会节约 1 公顷（仅占两个 8 万 m^3 煤气柜所需面积的约 2/3），柜体仪表与设备减少一套，附属管网与设备简化，控制方式简化，其产生的经济效益不容置疑。

15 万 m^3 煤气柜本体重量一览表见表 6-10。

表 6-10　15 万 m^3 煤气柜本体重量一览表

序 号	名　　称	重量/t	备　注
1	外 T 挡板	263.7	
2	内 T 挡板	139.3	
3	活塞与活塞挡板	400.1	
4	内、中、外橡胶膜	18.2	
5	密封部件	5.6	活动体结构合计827t
6	侧　板	432.7	
7	立　柱	106.2	
8	防风梁	111.8	
9	回　廊	56.3	
10	外部楼梯	6.3	
11	屋顶及屋顶走廊	262.8	
12	外 T 挡板支架	77.4	
13	内 T 挡板支架	24	

序 号	名　称	重量/t	备　注
14	底　板	155.1	
15	调平装置支架	39.5	非活动体结构合计 1272.1t
16	调平装置	42.7	
17	φ900mm 事故煤气放散管	49.5	
18	柜本体附件	6.2	
19	给排水管道	12.9	
20	氮气管道	1.2	
21	侧板密封角钢及导向件	1.3	
22	煤气管道接管	2.4	
23	柜容量指示器	2.2	
24	活塞水平测量装置	0.5	工艺、设备合计 119t
			总计 2218.1t

6.3.28　柜本体工艺、结构参数

柜本体工艺、结构参数如下：

公称容积	150000m³
储存容积（不包括死空间容积）	146835m³
柜内死空间容积	5037m³
侧板内径	68.755m
侧板高度	47.042m
密封段数	3
主柱根数	36
活塞标准行程（相当于 146835m³ 储存容积）	41.75m
活塞极限行程	42.05m
调平装置数	6
外 T 挡板限位导辊数（上/下）	36/36
回廊层数	3
事故煤气放散管（φ900mm）根数	6
底板排水管（φ100mm）根数	6

煤气入口管（外径×厚度）   D4016×8

煤气出口管（外径×厚度）   D2516×8

合成转炉煤气及回流转炉煤气入口管（外径×厚度） D2212×6

壳体空间利用系数   88.8%

壳体高径比   0.68

煤气压力最大波动值：

 内、外 T 挡板采用普碳钢时   115kgf/m²

 内、外 T 挡板采用低合金高强度钢时 约85kgf/m²

柜本体总重：

 内、外 T 挡板采用普碳钢时   2218.1t

 内、外 T 挡板采用低合金高强度钢时 约2100t

单位容积耗钢量：

 内、外 T 挡板采用普碳钢时   14.8kg/m³

 内、外 T 挡板采用低合金高强度钢时 14.0kg/m³

6.3.29　柜本体技术、性能特点

柜本体技术、性能特点如下：

（1）采用外、中、内的三段式密封橡胶膜，具有单位容积的耗钢量低、壳体空间利用系数高、活塞标准行程高的技术经济效果，详见表 6-11。

表 6-11　橡胶膜型煤气柜相关指标比较

煤气柜容积/m³	密封段数	单位容积耗钢量/kg·m⁻³	壳体空间利用系数活塞行程/侧板高	活塞标准行程/m
30000	2	28.5	79.7%	26
50000	2	21.7	81.7%	29
80000	2	17.9	81.1%	30.7
150000	3	14.0	88.8%	41.75

（2）外 T 挡板、内 T 挡板采用以低合金高强度钢取代普碳钢的轻型结构，从降低荷载入手达到降低储气压力的波动值。

（3）能适应 2 座 360t 转炉同时吹炼的需要，应急的事故煤气放散能力能满足煤气发生最大量的工况。

（4）改人工手动放散为人工电动放散，增设活塞梁从而取消275根中间支柱，推行省力化。

（5）增加屋顶通风帽直径，增加侧板通风孔的开孔面积，提高柜内上部空间的流通能力，从而改善柜内上部空间的空气质量。

（6）增设侧板门，达到每段一门，进出便捷。

（7）活塞板采用钢性结构，其下面增设活塞梁。

6.3.30　作用在基础上的荷载

作用在基础上的荷载包括：

（1）长期荷载。具体包括：

1）侧板施加的垂直荷载（P_1）。

作用区划：ϕ68.755mm 圆周上

荷载值（P_1）：

$$P_1 = \frac{432.7}{\pi \times 68.755} = 2.0\text{t}/(\text{周·m})$$

作用方向：↓

2）气柜内径范围内施加于基础面的均布荷载（P_2）。

作用区划：ϕ68.755mm 圆周内

假定积水荷载（积水高度假定为40mm）：

荷载值：$\qquad 1000 \times 0.04 = 40\text{kg/m}^2$

假定积灰荷载（积灰高度假定为100mm）：

荷载值：$\qquad 900 \times 0.10 = 90\text{kg/m}^2$

煤气压力施加的荷载（假定煤气压力300kgf/m²）：

荷载值：$\qquad 300\text{kg/m}^2$

底板荷载：$\quad \dfrac{155.1 \times 10^3 \times 4}{\pi \times 68.755^2} = 41.8\text{kg/m}^2$

小计：$\qquad P_2 = 471.8\text{kg/m}^2 (0.47\text{t/m}^2)$

作用方向：↓↓↓↓↓

3）气柜内径范围内施加于外环基础面上的集中荷载（P_3）。

作用区划：ϕ68.755～64.375mm 的环内72处

荷载值（P_3）由内、外 T 挡板支架产生：

$$P_3 = \frac{77.4 + 24}{72} = 1.4 t/\text{处}$$

作用方向：↓

4）立柱上的荷载（P_4）。

作用区划：ϕ69.255m 圆周上 36 处

屋顶、防风梁、立柱、回廊产生的荷载：

$$\frac{262.8 + 111.8 + 106.2 + 56.3}{36} = 14.9 t/\text{处}$$

调平支架产生的荷载：

$$\frac{39.5}{12} = 3.3 t/\text{处}$$

调平配重产生的荷载：4t/处

外部楼梯产生的荷载：

$$\frac{6.3}{2} = 3.2 t/\text{处}$$

事故煤气放散管产生的荷载：

$$\frac{49.5}{12} = 4.1 t/\text{处}$$

小计：　　　　　　$P_4 = 29.5 t/\text{处}$

作用方向：↓

（2）临时荷载。具体包括：

1）安装时临时荷载（P_5）

作用区划：ϕ54.375m 圆周内

荷载值（P_5）（考虑 20t 坦克吊入内安装作业）：

$$P_5 = 33 t$$

2）活塞着陆时临时荷载（P_6）。

作用区划：ϕ60.375m 圆周上 72 处

荷载值（P_6）由活塞挡板和活塞板、梁产生：

$$P_6 = \frac{400.1}{72} = 5.6\text{t/ 处}$$

作用方向：↓

3）内、外 T 挡板着陆时的临时荷载（P_7）。

作用区划：$\phi 68.755 \sim 64.375\text{m}$ 的环内 72 处

荷载值（P_7）由内、外 T 挡板产生：

$$P_7 = \frac{263.7 + 139.3}{72} = 5.6\text{t/ 处}$$

作用方向：↓

（3）风、地震、雪荷载。具体包括：

1）风荷载（P_8、P_9）。

作用区划：$\phi 69.255\text{m}$ 圆周上 36 处（由于风弯矩施加在立柱上的压缩荷载）

作用于柜本体的水平风力（F）：

$$F = 0.7 \times 1.26 \times 70 \times 1.63 \times 47.043 \times 68.755$$

$$= 325502\text{kg} = 325.5\text{t}$$

式中　0.7——空气动力系数；

　　1.26——风振系数（计算得出）；

　　70——10m 高度的基本风压值，kgf/m^2，我国大陆除广东湛江（基本风压值为 85kgf/m^2）外均小于 70kgf/m^2，若适用地区的基本风压值超出 70kgf/m^2 时当另行核算；

　　1.63——高度变化系数；

　47.043——柜本体侧板高，m；

　68.755——柜本体直径，m。

作用于柜本体的风弯矩（M）：

$$M = 325.5 \times \frac{47.042}{2} = 7656.2\text{t} \cdot \text{m}$$

施加在立柱上的压缩荷载（P_8）：

$$P_8 = \frac{7656.2 \times 2}{18 \times 68.755} = 12.4t/\text{处（最大值）}$$

式中　18——柜本体立柱总数的 1/2。

作用方向：↓

施加在 P_8 对应处的拉伸荷载（P_9）：

$$P_9 = 12.4t/\text{处（最大值）}$$

作用方向：↑

注：当长期荷载大于风荷载时，拉伸荷载（P_9）将不起作用。

2）地震荷载。当地震烈度为 6 度及其以下时，不考虑由于地震水平力产生的地震弯矩对基础的影响。当地震烈度为 7 度或其以上时，需对地震弯矩与风弯矩进行比较，选择其中的较大者对立柱和基础进行验算。此处假定建柜地区的地震烈度为 6 度，故对地震的影响不予考虑。

3）雪荷载（P_{10}）。假定建柜地区积雪荷载取 40kg/m² 时，则施加于每根立柱上的雪荷载（P_{10}）计算如下：

$$A = \pi\left\{\frac{68.755^2}{4} + \left[\frac{68.755}{2 \times \sin20°}(1 - \cos20°)\right]^2\right\}$$

$$= 3828\text{m}^2$$

式中　A——屋顶的球缺状曲表面面积，m²；

68.755——侧板直径，m；

20°——屋顶起拱角，（°）。

$$P_{10} = \frac{40 \times 3828 \times 10^{-3}}{36} = 4.25t/\text{处}$$

式中　40——雪荷载，kg/m²；

36——立柱根数。

15 万 m³ 煤气柜的基础荷载见表 6-12。

表 6-12 15 万 m³ 煤气柜的基础荷载

荷载代号	方向	长期荷载	安装时临时荷载	活塞着陆时临时荷载	内、外 T 挡板着陆时临时荷载	风荷载	雪荷载	备 注
P_1	↓	2.0 t/(周·m)						气柜侧板垂直荷载
P_2	↓	0.47t/m²						气柜内径范围内基础面上的操作荷载
P_3	↓	1.4t/处						由内、外 T 挡板支架产生，作用于基础外环，计 72 处
P_4	↓	29.5t/处						立柱荷载，计 36 处
P_5	↓		33t					在 φ54.375m 范围内，考虑 20t 坦克吊入内安装作业
P_6	↓			5.6t/处				在 φ60.375m 圆周上，计 72 处
P_7	↓				5.6t/处			在 φ68.755～64.375m 的环内，计 72 处
P_8	↓					12.4t/处		由于风弯矩施加在立柱上的压缩荷载，施加于 18 处
P_9	↑					12.4t/处		由于风弯矩施加在立柱上的拉伸荷载，施加于另 18 处
P_{10}	↓						4.25t/处	施加于立柱上，计 36 处

注: 1. 风荷载与雪荷载不同时出现;
　　2. 在 φ68.755～64.375m 的环内，在 72 个支承点处，每处最大荷载为 7t;
　　3. 每根立柱的最大荷载为 41.9t。

对基础的要求：基础的最大沉降量应不超过 10cm；基础的相对沉降量应不超过 2cm；基础外环的 T 挡板和活塞挡板的着陆处混凝土表面允许公差 ±1mm；基础中央拱形部分沥青砂浆上表面允许公差 ±10mm（网格点测量间距为 3m）。

6.4　钢铁厂内转炉煤气柜容积的确定

6.4.1　对宝钢 1 号 8 万 m³ 转炉煤气柜容积确定方法的研讨

现将宝钢 1 号转炉煤气柜容积确定方法列出于下：

（1）考虑转炉煤气间歇产出与柜出口均匀输出的波动容积。在一个吹炼周期内转炉煤气需要的储存容积（V_1，m³）为：

$$V_1 = NGQ\left(1 - \frac{m}{p}\right)K$$

式中　N——同时重叠吹炼的转炉座数；

G——每炉钢产量，t；

Q——每吨钢回收的煤气量（标态），m³/t；

p——每炉钢的吹炼周期，min；

m——在一个吹炼周期内的煤气回收时间，min；

K——柜内的煤气体积校正系数（标态），m³/m³。

（2）考虑突发剩余的容积（V_2）。考虑到柜后的转炉煤气加压站突发故障而停机，这部分多余煤气需经放散管放散，考虑到从突发停机到打开煤气放散阀这一过程需耗时 1 分钟的突发剩余容积（V_2）为：

$$V_2 = NGQ\frac{1}{p}K$$

（3）考虑煤气柜的上限和下限的安全容积（V_3、V_4）。当煤气柜的上限和下限的安全容积各取煤气柜的总容积为 5% 时：

$$V_3 = \left[NGQ\left(1 - \frac{m}{p} + \frac{1}{p}\right)K \times \frac{1}{0.9} - NGQ\left(1 - \frac{m}{p} + \frac{1}{p}\right)K\right] \times 0.5$$

$$= 0.5\left[NGQK\left(1 - \frac{m}{p} + \frac{1}{p}\right)\left(\frac{1}{0.9} - 1\right)\right]$$

$$= 0.055NGQK\left(1 - \frac{m}{p} + \frac{1}{p}\right)$$

$$V_4 = V_3$$

因此,宝钢 1 号 8 万 m^3 转炉煤气柜容积 (V) 为:

$$V = V_1 + V_2 + V_3 + V_4$$

$$= 1.11 NGQK \left(1 - \frac{m}{p} + \frac{1}{p} \right) \ m^3$$

当 $N = 2$,$G = 295.5t$,$Q = 90m^3/t$(标态),$K = 1.65$,$m = 10min$,$p = 36min$ 时,则:

$$V = 1.11 \times 2 \times 295.5 \times 90 \times 1.65 \times \left(1 - \frac{10}{36} + \frac{1}{36} \right)$$

$$= 73063 m^3$$

当时按照 $V = 73063 m^3$ 选用 1 号煤气柜的容量为 8 万 m^3 看来是可以的,但开工不久单用 1 个 8 万 m^3 的煤气柜就显得不够了。好在日方设计中预留了 2 号煤气柜的用地,看来日方事前是有备而来,当时(约 1978 年)日本国内的威金斯型(橡胶膜型)煤气柜只有 8 万 m^3 容量这唯一的柜型,尚不能对炼钢转炉容量做到量体裁衣,其煤气柜容量计算仅流于形式,这样一来皮球就踢到了中方一侧。

现在看来日方对煤气柜的容量计算存在如下问题:

(1)日后的生产指标 Q 值突破了 $90m^3/t$(标态),达到了约 $120m^3/t$(标态)。

(2)既然有合成转炉煤气接入柜内,但又没有考虑这一部分的容量。

转炉煤气用户耗用量呈波动状态实属正常,当转炉煤气耗用量正向波动时,此时的耗用量将大于转炉煤气吹炼周期内的平均发生量,煤气柜内活塞呈下降走势,在活塞处于行程的下限之前就必须往煤气柜内补入合成转炉煤气,而煤气柜的容积则应考虑这一部分补入的合成转炉煤气容积(V_2',m^3),其计算如下式:

$$V_2' = NGQK \left(1 - \frac{m}{p} \right) \times \frac{0.1}{0.7} = \frac{1}{7} NGQK \left(1 - \frac{m}{p} \right)$$

式中 0.7——以前述的 V_1 值占到煤气柜总容积的 70%;

0.1——充入合成转炉煤气量占煤气柜总容积的 10%(假定值)。

前面日方计算中的 V_2 值出现时，煤气柜内活塞呈上升走势，因 V_2 与 V'_2 出现时的活塞走势正相反，故 V_2 与 V'_2 两者只能择其一，且择其较大者为妥。由 $V_2 = NGQK\dfrac{1}{p}$，$\dfrac{1}{7}\left(1 - \dfrac{m}{p}\right) > \dfrac{1}{p}$，故 V_2 与 V'_2 中应选用 V'_2，因煤气柜后的转炉煤气加压站应系两路以上的供给电源，故出现 V_2 的几率也比 V'_2 要小得多。

（3）煤气柜的上限和下限的安全容积各为总容积的 5%，该 5% 已是执行限，另外的各 5% 的预警限未考虑，这种做法就缺乏安全感。

6.4.2 转炉煤气柜容积的确定

经过前述的研讨，我们将采取以下的新的计算步骤来确定转炉煤气柜的容积（V）：

（1）考虑转炉煤气间歇产出与柜出口均匀输出的波动容积。在一个吹炼周期内转炉煤气需要的储存容积（V_1，m^3）为：

$$V_1 = NGQK\left(1 - \frac{m}{p}\right)$$

式中　N——同时重叠吹炼的转炉座数；

　　　G——每炉钢产量，t；

　　　Q——每吨钢回收的煤气量（标态），m^3/t；

　　　K——柜内的煤气体积校正系数（标态），m^3/m^3；

　　　p——每炉钢的吹炼周期，min；

　　　m——在一个吹炼周期内的煤气回收时间，min。

（2）考虑合成转炉煤气充入柜内的容积（V_2，m^3）为：

$$V_2 = NGQK\left(1 - \frac{m}{p}\right) \times \frac{0.1}{0.7}$$

式中　0.7——V_1 值占到煤气柜总容积的 70%；

　　　0.1——充入合成转炉煤气量占煤气柜总容积的 10%（假定值）。

（3）煤气柜的上限安全容积（V_3，m^3）为：

$$V_3 = NGQK\left(1 - \frac{m}{p}\right) \times \frac{0.1}{0.7}$$

即煤气柜的上限安全容积占到煤气柜总容积的 10%。

（4）煤气柜的下限安全容积（V_4，m^3）为：

$$V_4 = NGQK\left(1 - \frac{m}{p}\right) \times \frac{0.1}{0.7}$$

即煤气柜的下限安全容积占到煤气柜总容积的 10%。

因此，转炉煤气柜的容积（V，m^3）为：

$$V = V_1 + V_2 + V_3 + V_4$$

$$= NGQK\left(1 - \frac{m}{p}\right) \times \left(1 + \frac{0.3}{0.7}\right)$$

$$= 1.43 NGQK\left(1 - \frac{m}{p}\right)$$

当 $N = 2$，$G = 295.5t$，$Q = 120m^3/t$（标态），$K = 1.65$，$m = 10min$，$p = 36min$ 时，则：

$$V = 1.43 \times 2 \times 295.5 \times 120 \times 1.65 \times \left(1 - \frac{10}{36}\right)$$

$$= 120854m^3$$

从上述计算来看，对应于 300t 炼钢转炉 3 吹 2 的规模，配套建一座 12 万 m^3 的橡胶膜型转炉煤气柜即可，采用 2 座 8 万 m^3 的转炉煤气柜进行串联操作扩容，不但多消耗钢材约 1000t、多占用土地约 1.3 公顷，而且导致了控制系统的复杂化。

7 橡胶膜型煤气柜安装工程要领

7.1 总则

该要领的适用范围，实用于 2006 年以前的相当于第一代的橡胶膜型煤气柜，对于第二代的柜型尚需进行调整。

现场安装时应遵循的资料依据按其重要性为：

（1）设计变更及补充通知单；

（2）施工图及设计说明书；

（3）安装工程要领。

安装过程的注意事项包括：

（1）熟读本要领和设计意图及设计规定；

（2）备好安装工器具；

（3）按照安装顺序制定详细的工程进度表；

（4）在安装的各阶段适时地插入试验检查；

（5）在保证组装精度和确保设备质量的前提下，对现场的接合部位进行调整，对运输中变形部位修正，对制作工场的油漆补修；

（6）过程中发现问题时要及时与设计部门沟通。

7.2 安装顺序与分段

安装顺序见图 7-1。

图 7-1*a* 为敷设底板、活塞板。该阶段包括基础测量定中心、确定各立柱中心、敷设底板、敷设活塞板、组装活塞混凝土挡墙。图 7-1*b* ~*f* 分别为屋顶组装；侧板、立柱和防风梁的组装；屋顶的起吊与固定；T 挡板支架和 T 挡板的组装；活塞挡板的组装。

安装工程的分段如下：

第一期工程：从内部基础测量定心到屋顶起吊结束为止。即图 7-1*a* 至图 7-1*d* 的过程。

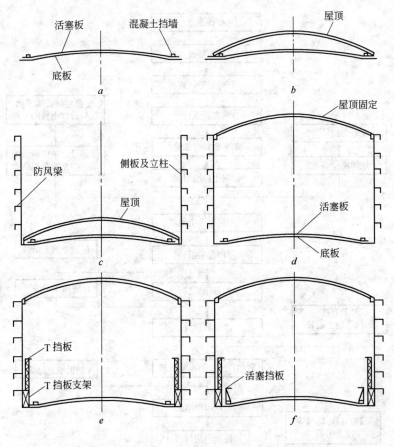

图 7-1 安装顺序

a—敷设底板、活塞板；b—屋顶组装；c—侧板、立柱和防风梁的组装；d—屋顶的
起吊与固定；e—T 挡板支架和 T 挡板的组装；f—活塞挡板的组装

第二期工程：从 T 挡板支架组装到侧板作业口封闭为止。即包括了图 7-1e、f 的过程。

第三期工程：从密封橡胶膜组装到试运转为止。

7.3 安装工程流程

安装工程流程见图 7-2。

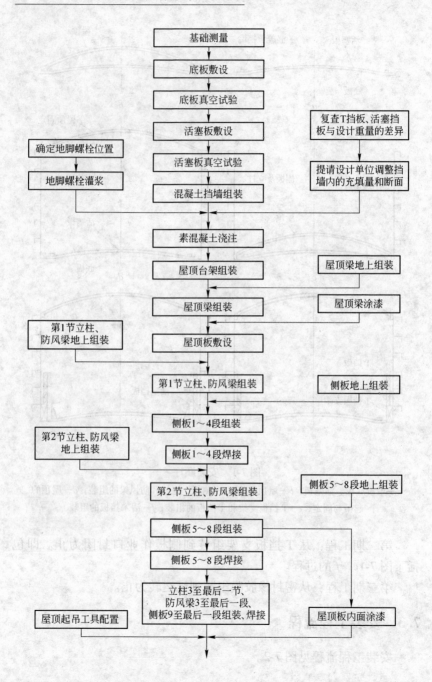

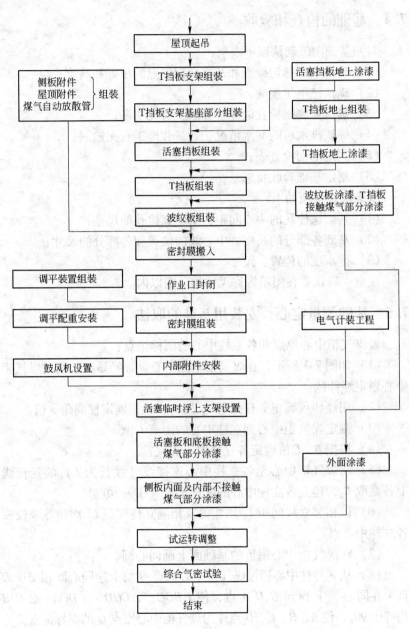

图 7-2 安装工程流程

7.4　基础的检查和验收

对照基础图纸确认以下事项：

（1）确认中心标记原点和基准标记原点的位置和高度；

（2）确认已上了墨线；

（3）确认地脚螺栓孔的养护和施工有无遗漏；

（4）确认排水坑的漏水情况、数量和施工有无遗漏；

（5）制定基础检查表；

（6）制定基础验收备忘录。

基础检查事项如下：

（1）基础螺栓孔的中心间距，基础螺栓孔的尺寸；

（2）基础各部分的高度，中心线的位置和各部分的尺寸；

（3）排水坑的位置、尺寸。

注意：确认要在图示容许尺寸的范围以内。

7.5　基础测量定心、安装用基准的取法

做煤气柜中心原点和各立柱中心的副标记点：

（1）如图 7-3 所示，在煤气柜基础中心设置经纬仪，通过煤气柜中心划定经纬线。

（2）用经纬仪确定立柱偏角 θ_1 及 θ_2，从而确定柱间角 θ 值。

（3）测定煤气柜中心到立柱中心的距离 L 值。

（4）根据 θ、L 值确定各立柱中心的位置。

（5）在煤气柜中心至各立柱中心连接线（线长为 L）的延长线上各截取 L_0，建立各立柱中心的副标记点（①～ⓝ点）。

（6）以相邻立柱间距 L_1 均相等及相隔立柱间距 L_2 均相等来校核各立柱中心点。

（7）在煤气柜中心附近的基础面上画同心圆。

（8）从 n 号柱中心通过煤气柜中心原点 O 与上述同心圆相交于 B 点。在同心圆上找到 C、D、A 点，使 $\angle BOC$、$\angle COD$、$\angle DOA$、$\angle AOB$ 均等于 $90°$，使 A、B、C、D 点作为煤气柜中心原点 O 的副标记点。

（9）各中心点通过各副标记点进行测控与校核。

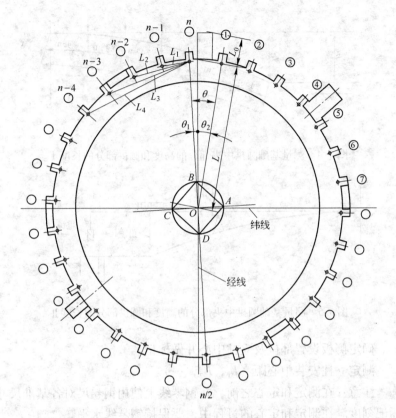

图 7-3 划定经纬线

注：n 为最后一个支柱编号。

确认安装用的高度基准：

（1）测量基础环上的水平度。用水准仪和经纬仪每隔约 3m 测量侧板的安装位置高度和 T 挡板支架的底脚部位高度，确认完工高度要在容许值以内。

（2）测量基础圆拱部分的高度。如图 7-4、图 7-5 所示，测量基础圆拱中央部分的高度 h 和圆拱部分的长度 l，确认了是在允许值以内时，沿圆拱每隔约 3m 画圆，圆周方向也是每隔约 3m，分别测量高度 h 并确认要在允许值以内（参考基础图），超出允许值的部分要修正。

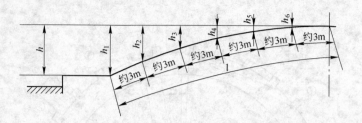

图 7-4 测量基础圆拱中央部分的高度和圆拱部分的长度 I

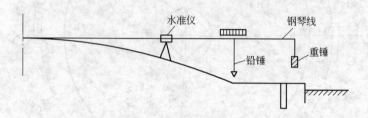

图 7-5 测量基础圆拱中央部分的高度和圆拱部分的长度 II

确定侧板设置部位及立柱中心并做标记。

测定立柱安装中心距（L_1，L_2，…）。

注意：在测定和定心之前，在钢琴线上使用钢卷尺对各基准尺寸标记刻度。在测定和定心的过程中，要保持钢琴线水平。

安装单位应将 7.4 节及 7.5 节的内容转至基础施工部门，以便于基础施工部门严格、准确地施工，做到一次验收合格，避免事后返工。

7.6 底板的敷设和焊接

7.6.1 定中心和做标记

先进行底板敷设方向、接管和附件位置的确认。

在基础的中心标记上设置经纬仪，划定底板的配列中心，标记出纵横 4 个方向的中心线，定出底板的中心点，标记出底板的外环圆周线（参见图 7-5）。

7.6.2　底板的敷设

搬入的底板，在敷设之前，在底板的背面要涂焦油沥青，但焊接的重叠部分约 20～30mm 内不涂焦油沥青。

7.6.2.1　关键板和4心基准板的敷设

敷设前，关键板上做直角中心线的标记，4 心基准板上做纵向 2 分割线的标记。然后，与基础面上做了标记的基准线对合并敷设关键板后，顺次一方面注意重叠尺寸一方面敷设 4 心基准板（参见图 7-6）。再者，在关键板的中心焊接中心短轴（中心销）。

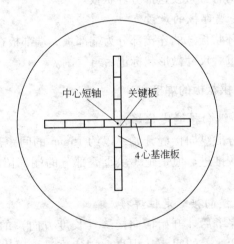

图 7-6　敷设 4 心基准板

7.6.2.2　定尺板的敷设

敷设的轴心为纵向，沿着基准板成 90°交替，从中心向周边依次敷设。因为纵向交点不出现直角，所以在现场对合时按图 7-7 气割。

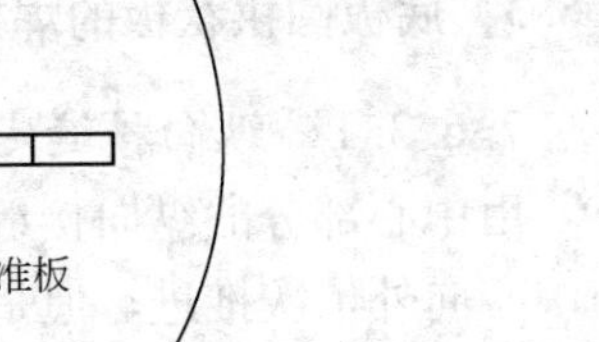

7.6.2.3　环状板的敷设

环状板的敷设按①②③的顺序进行（参照图 7-8）。先决定外周环板①的外径，并进行定位焊接。

环状板②，在敷设之前在地上组装 4

图 7-7　对合时气割

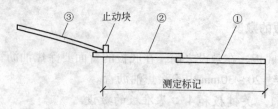

图 7-8　环状板的敷设

块后，一面确认与环状板①的重叠尺寸，一面依次敷设，使全周完成。

环状板③的敷设，由环状板①的端部用钢卷尺来决定位置，安设止动块，然后对合并敷设这部分环状板。

7.6.2.4　端部板的敷设

定尺板与环状板③的连接部分为端部板。端部板在敷设前应考虑与环状板③的重叠尺寸做形状标记后再气割。

7.6.3　底板圆拱状板的焊接

7.6.3.1　纵向接缝定位焊接

由中心部分的纵向接缝开始，以约 75mm 的间距进行定位焊接，由中心向外依次推进。但是距 3 块重叠部分的端部留出约 300mm 长不实行焊接。

7.6.3.2　横向接缝定位焊接

纵向接缝完了后才开始横向接缝（长度方向）的定位焊接。定位焊接，以约 75mm 的间距从中央向周边推进，周边的端部留出约 700mm 不实行焊接。在定位焊接的过程中，三块重叠处的最上层板要按图 7-9 所示进行切角。另外，压肩加工后要确认没有裂缝。

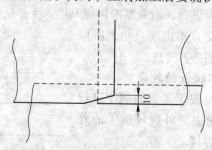

图 7-9　三块重叠处最上层板的切角

7.6.3.3 正式焊接

如图 7-10 所示，留下粗线的折线部分作为相位区间的最后的焊接线，粗折线部分要用插销等固定住。

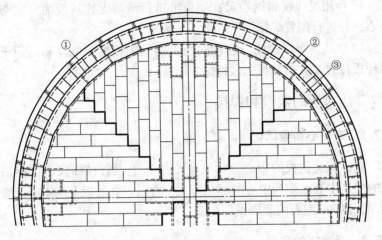

图 7-10 正式焊接

焊接进程由中心向周边推进，焊接时按照需要使用抑制歪斜的夹具来防止歪斜，焊接方法采用跳焊法或后退法，在焊接过程中切掉定位焊接时要立即修补。

7.6.4 底板环状板的焊接

（1）环状板①、②间圆周接缝焊。先定位焊，然后使焊工分散在周边 4～6 个区段在同一方向同时开始正式焊接。

（2）环状板②、③间圆周接缝焊。与上项程序同。

（3）环状板①、②、③的各个相互重叠接缝焊定位焊。

（4）环状板③与圆拱端部板的圆周接缝焊。同（1）项程序，该项圆周接缝焊后再进行端部板与定尺板焊接。

（5）环状板①、②、③的各个相互重叠焊缝正式焊接。

7.6.5 底板的最后收口焊接和附件焊接

（1）进行如图 7-10 所示的相位区间粗折线部分的焊接。

（2）进行底板焊接部分的真空试验检漏，若柜内最高煤气压力为 3kPa（300mm 水柱）时，则底板焊接部位的检漏真空度可选定 4.5kPa（450mm 水柱）。

（3）用经纬仪和钢卷尺在底板上进行活塞支柱基板的分割与定中心，并进行配置焊接。

（4）从底脚螺栓中心起在底板上测定侧板组装位置和屋顶梁外周环板位置，并在底板上做标记。

7.7　活塞板的敷设和焊接

7.7.1　定中心和做标记

在底板关键板的中心短轴（中心销）上设置经纬仪，设定活塞板的配列中心，配列中心的标记为 4 个方向。在底板上从中心到底板端部，以 3m 左右的间隔做标记。

7.7.2　活塞板的敷设

7.7.2.1　关键板和 4 心基准板的敷设

敷设前，关键板上做直角中心线的标记，4 心基准板上做纵向 2 分割线的标记。然后，对准预先在底板上做了标记的基准线并敷设关键板后，一方面注意重叠尺寸一方面敷设 4 心基准板（参照图 7-6）。

7.7.2.2　定尺板的敷设

基准板敷设完了后，沿着基准板成 90°交替，从中心向周边依次敷设。因为纵向交点不出现直角，所以在现场对合时参照图 7-7 气割。

7.7.2.3　环状板①②的敷设

在关键板的中心短轴（中心销）设置基准尺，确认底板环状板上的配列半径。接着，对准标记，敷设在地上预组装（4 板接合）好的环状板①。

在环状板②的下端，标记上与①的重叠尺寸，安上挡块后，一方面插入到环状板①的下面一方面进行敷设（参见图 7-11）。

再者，环状板①与②的重叠部分，不能进行定位焊接，直至活塞

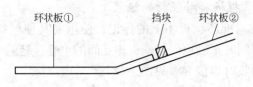

图 7-11　环状板①②的敷设

混凝土挡墙施工完为止。

7.7.2.4　端部板的敷设

考虑与环状板②的重叠尺寸，对端部板的形状做标记，气割后敷设在一定的位置。

7.7.3　活塞板的焊接

活塞板的中央板和环状板的焊接，按照底板的中央板和环状板同样的焊接次序进行焊接作业。

7.7.4　活塞板上附件位置的定心及做标记

（1）焊接完了（环状板①与②的重叠部分除外）后，用经纬仪和钢卷尺在活塞板上进行活塞支柱位置的分割定心。

（2）混凝土挡墙框板的定心，从侧板基准点计算，使用钢卷尺，在活塞板上做标记。

（3）混凝土挡墙内部构件和活塞挡板立柱的分割定心，是用钢琴线连接中心短轴至基础螺栓中心，在与混凝土挡墙框板中心的交点处做标记。接着用钢卷尺测定各分割点的间距，并确认是否正确。

7.8　活塞混凝土挡墙的安装

7.8.1　挡墙本体的组装

7.8.1.1　外部活塞支柱部位的开孔

在正式组装前，外部活塞支柱套管的安装部位用气割开孔。此处应该注意的是，在开孔时，在环状板①与②的重叠部分应插入斜形楔子，使环状板①浮起，充分注意不要碰伤底板。

7.8.1.2　框板和补强材的组装

（1）预先对准环状板①上的标记，使用夹具使框板和补强材靠近环状板①，同时正确地保持框板相互间的重叠接缝的平行度，并进行外周框板的临时焊接（参见图7-12）。

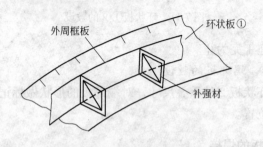

图7-12　框板和补强材的组装

（2）补强材临时焊接在外周框板上，并与环状板①实行定位焊接。

（3）内周框板也同样地依次组装，全周组装完后，一方面注意保持垂直及圆度，一方面进行内外周的顶部角钢的定位焊接。

（4）在混凝土挡墙本体的焊接前，为了防止环状板①由于焊接造成的上浮和变形，在环状板①的端部用角钢构件来固定密封安装金属件（参见图7-13）。

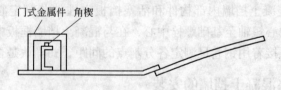

图7-13　用角钢构件固定密封安装金属件

（5）正式焊接时，使焊接工平均分散，每一区段分一个人，在同一方向进行焊接，焊接顺序从内部上方往下方接续，采用外周框板的填角焊接。再者，活塞支柱的套管根部的焊接，要特别仔细进行，要全焊透不能漏气。

（6）以上的组装焊接完后，最后按着图纸进行内部配筋和焊接，要注意钢筋的接缝不要出现在同一位置（参见图 7-14）。另外，钢筋接缝的重叠余量为 100mm 以上。

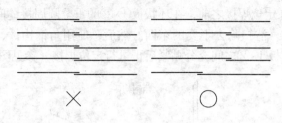

图 7-14　内部配筋和焊接

7.8.2　素混凝土的浇注

浇注之前，在确认无焊接遗留事项的同时进行焊接部分的目视检查。另外，在支柱套管处设盲板，以防止混凝土的流入。

事前确认混凝土的密度，浇注高度要在内外框架上做标记，注意不要超过和不够。

在浇注混凝土时，要充分捣实不能有空隙，特别是要注意角部。

浇注时流出到活塞板上其他地方的混凝土要迅速除去。

7.9　活塞板上密封槽钢的组装

（1）混凝土挡墙组装完后，临时设置使用的密封安装槽钢拆除，开始正规的安装。

（2）从底板环状板①的侧板标记中心起，用钢卷尺在活塞板环状板①上进行安装位置上墨，然后用 R 规尺做全周的标记。

（3）对准标记线，整个圆周上临时配置密封槽钢，确认接缝部位的间隙等没有问题，然后进行接缝双方的定位焊接。

该密封槽钢相互间的接缝部位，因为日后发现缺陷时修整困难，所以在本焊接时要予以细心的注意质量。另外，密封安装表面，在焊接完后，要用研磨机进行光滑加工。

（4）同环状板①焊接时，正确地对准标记线进行定位焊接后，把焊接工分散成 4~6 个区段，在同一方向开始焊接。

7.10　活塞环状板①-②的圆周接缝的焊接

（1）在定位焊接之前，在环状板①-②的重叠圆周接缝间，用角形楔顶开间隙，清扫除去不要的东西。然后，使用角钢构件、角形楔等使活塞环状板①-②之间充分贴紧后再进行定位焊接（参见图7-15）。

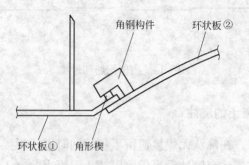

图 7-15　环状板①-②的圆周接缝的焊接

（2）正式焊接时，把焊工分 4~6 个区段配置，面对同一个方向开始焊接。

7.11　屋顶组装

该部分的组装程序和要求仅适用于网格状的屋顶梁结构。

7.11.1　屋顶梁地上组装

（1）在正式组装之前，进行各外周梁 2~3 根的地上组装，地上组装后的长度在 25m 以内。

（2）把上下主梁放在地上，按配列记号顺序挑选，按照图纸一方面确认角钢的方向，另一方面临时配置在地上。

（3）地面组装时，先将端部梁（约 1m）对合邻接梁的曲率定位焊接后，再进行正式焊接（参见图7-16）。

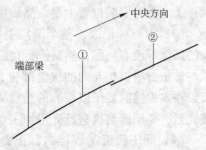

图 7-16　端部梁对合邻接梁

（4）确认①梁和②梁的重叠尺寸、上下面没有不一致等，然后进行定位焊接和正式焊接。

按上述顺序进行各主梁的地上组装。再者，地上组装的主梁，一方面注意扭曲、弯曲等，另一方面选择区别上下的不同和左右的不同，然后配置在考虑了正式组装效率等的地点。

7.11.2 外周环板的组装

（1）在底板上标记外周环板的位置。接着，在标记线上成直角地配置支承座并与底板进行定位焊接。在支承座的上面标记外周环板的位置，定位焊接角钢构件（参见图7-17）。

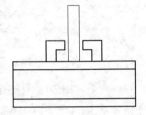

（2）外周环板在支承座的角钢构件处使用角楔对准基准线并依次固定。

（3）外周环板的相互连接，通过插销、角楔等进行表面对合，检查连接间隔和与邻接板的上表面不平等。确认没有问

图7-17 外周环板的支承座

题后，进行定位焊接。另外，进行现场调整板的切断和定位焊接时，用钢卷尺确认整个周长后再进行施工。

（4）全周临时组装完后，在 n 个点的每点外（n＝立柱根数）测定外周环板上面的水平和垂直，确认要在允许值以内。正式焊接时，把焊工等间隔地配置在 4～6 个区段，在同一方向每隔一根焊接线进行焊接。

（5）焊接完了后，沿着外周环板的圆周，按照图纸标记主梁安装位置。出现误差时，再一次进行标记直到不产生误差为止。

7.11.3 配列基准的定中心

（1）以活塞板的中心短轴（中心销）为基准设置经纬仪，按着方位定出 4 个方位的中心，并在活塞板上做标记。另外，也同样地标记屋顶板的配列中心（参见图7-18）。

（2）自中心起在半径 3m 的范围内，用钢卷尺做中央主梁配列中心的标记。

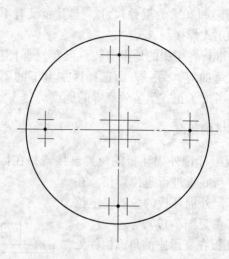

图 7-18   标记活塞板方位中心和屋顶板配列中心

（3）自活塞板的中心短轴（中心销）对准基准线，水平地拉紧钢琴线，用钢卷尺和铅锤，在标记中央主梁中间承受点的同时，也标记梁的配列间隔的平行中心。

7.11.4   屋顶梁组装台架的设置

（1）预先在活塞板上在已做了标记的点处设置中央台架和中间台架（4处）。

（2）自台架上部垂下铅锤，进行台架本体垂直度的调整，在下部设置防止倒转用的补强件。

（3）在活塞混凝土挡墙上设置水平仪，自外周环板的梁安装基准线求出各台架本体的高度后，现场加上顶部支承座的高度来决定全体的高度（参见图7-19）。

（4）利用铅锤，在顶部支承座上标记梁的配列中心，并设置梁的托座。

（5）台架的高度和梁的配列中心的顶部标记等，是本组装的要点，所以要准确地进行。

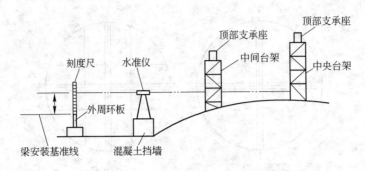

图 7-19 屋顶梁台架高度的确定

7.11.5 屋顶梁的组装

（1）正式组装前，在地上成井字形地组装焊接中央部分上下 A 梁各 2 根。交点的固定用老虎钳进行，在进行定位焊接前用钢卷尺确认对角尺寸。组装完了后起吊并设置在中央台架上，用铅锤对准既定的位置，与顶部支承座进行定位焊接并固定。

（2）组装时，先起吊中央部分（A 梁）的端部梁，然后连接外周环板和中央梁。起吊下部梁时，中央侧稍高一点吊，对准外周环板的水平面然后焊接，再慢慢放下来，接着与中央梁进行连接。上部梁与此相反地进行。

另外，起吊支点要选择不损坏梁的曲率的处所。

（3）对位于半径 $\frac{1}{3}$ 等分的靠近中央的上下梁，分别在 A 梁上进行定位焊接。接着依次定位焊接左右端部梁，使其一根一根地进行（参见图 7-20）。

（4）接着进行位于半径的 $\frac{1}{2}$（中间台架）附近的梁的组装，然后按照图纸上表示的尺寸标记各上下梁的位置，依次推进组装。再者，组装要左右平均地进行，以避免单侧集中载荷的出现。

（5）组装定位焊接完了后，测定各梁间的尺寸，确认要在允许值以内。对于允许值以外的地方，要按照图纸修正。

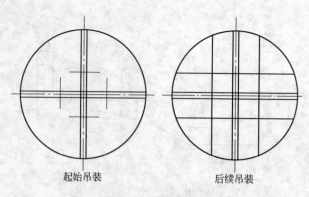

起始吊装   后续吊装

图 7-20   屋顶梁的吊装

（6）以上作业完后，开始正式焊接，焊接顺序如下：

1）外周环板和梁的焊接；

2）梁的重叠接缝部分的焊接；

3）上部梁、下部梁的交叉部分的焊接。

注意：在重叠接缝的焊接途中，交叉部分的焊接认为有必要时，也可适当地进行。再者，焊接完后，在下梁上表面的中心附近，要焊接防止悬垂板以防止屋顶板下塌（参见图 7-21）。

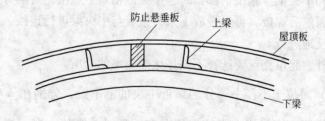

图 7-21   防止悬垂板的焊接

（7）焊接与检查完后，按照涂漆规格书涂漆。

7.11.6 屋顶板的敷设

（1）检查方位、确定配列方向，在上部 A 梁上临时架设脚手架板（以后配合屋顶板的敷设情况再撤去）。

（2）用起重机自中心的关键板开始敷设，以此为中心，顺次进行4心基准板敷设。

（3）接着沿4心基准板成90°交替向周边推进敷设。敷设时考虑要避免集中荷载，在总体上成为均匀载荷。

（4）最后进行端部板的切断，以外周环板为基准，标记以外进行气割。再者，环状板在屋顶吊装完了后敷设。

（5）最后的工序是焊接。先进行纵焊缝的焊接，从连接成带状完了时开始全体的定位焊接。横焊缝的焊接，等分分散地配置焊工，从中心开始向周边进行。焊接时按照需要，使用防止歪斜的压板夹具，以防止歪斜。其他与底板的焊接相同。再者，正式焊接前，要先进行外围环板与屋顶端部板的定位焊接。

7.12 侧板和立柱的组装

7.12.1 侧板地上组装

（1）在侧板地上组装之前，要充分地检查壁板制作台的弯曲和加强筋的固定用夹具的位置等。

（2）地上组装前按照图纸尺寸在加强筋上进行肋板的焊接。

（3）在壁板制作台上配置侧板，标记了加强筋的安装尺寸后，对加强筋实行定位焊接。

（4）焊接，只进行侧板与加强筋下部的不连续焊接和肋板的焊接（参见图7-22），加强筋上部的焊接在正式组装时进行。

（5）侧板通风孔按照图纸标记了安装位置后，在侧板上开孔，进行网板的正式焊接和盖罩的定位焊接。

（6）最后，位于侧板纵焊缝的加强筋用气割切口，接触密封膜的侧板的角部切掉尖角并实行砂轮加工（参见图7-23）。

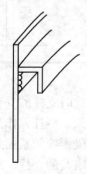

图7-22 侧板与加强筋下部的不连续焊接

7.12.2 第1节立柱的组装

（1）先在地上把立柱和防风梁临时组装成门形的为一组，即把防风梁和立柱临时组装成

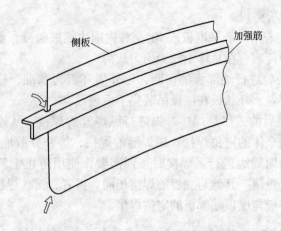

图 7-23 加强筋的切口和侧板角部倒圆

单门形。

（2）接着，把临时组装成门形的立柱和防风梁安装在规定位置，使用钢绳和螺旋扣防止倒转（参见图 7-24）。

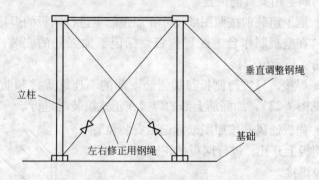

图 7-24 立柱和防风梁的安装

此时立柱的垂直度要调整正确。另外，在组装好的防风梁上配备脚手架、栏杆，作为单门形组装的作业台面。以下顺次由基础螺栓和防风梁螺栓的紧固来连接临时组装成单门形的立柱和防风梁。另外，临时组装的立柱、防风梁用吊车吊上时要充分地注意水平和稳定。

（3）立柱垂直修正用钢绳，要预张拉到每一根立柱外倾 5mm 左右。

（4）修正垂直度时，靠松弛防风梁的安装螺栓来修正。防风梁焊缝等的焊接，要在整个立柱修正完了以后进行。

7.12.3 第1组侧板的组装

（1）最下段侧板不能与加强筋实行地上组装，要先用螺栓使最下段侧板的加强筋与立柱的连接板相连接，以便于尽量减少底板与基础间的间隙。接着对照最下段侧板的标记中心，在加强筋和底板上进行最下段侧板的定位焊接并在全周完成。

（2）地上组装的2段以后的侧板，用螺栓把加强筋连接到立柱肋板并进行组装，接着一面进行侧板相互表面接合，一面进行定位焊接。定位焊接由纵焊缝开始进行，用尽可能小的间距来焊接。

（3）第1组侧板的正式焊接，要在表面对合、定位焊接完了后就立即开始。但是，仅一个跨度的立柱间不进行正式焊接，以便于在屋顶吊上后拆除该处的侧板备做内部作业的装卸口使用。

（4）侧板焊接完了后，从外面进行油浸试验，但是到与煤气接触的部分为止。

7.12.4 第2节立柱以后的组装

（1）若第1组侧板组装完毕，为了参考，测定了对称立柱间的距离后，就开始第2节立柱的组装。组装，用与第1节立柱同样的方法，一方面注意地上组装的门形与已经组装的立柱的表面接合，另一方面用螺栓连接进行组装（参见图7-25）。

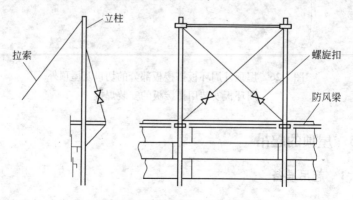

图7-25 第2节立柱以后的组装

（2）对这2根立柱使用螺栓扣进行垂直度的调整。进一步顺次组装第3根以后的立柱，全周完了后，再度进行垂直检查，修正需要修正的部分。

（3）全部立柱修正完了后，进行防风梁焊缝等的焊接工作。再者，悬吊脚手架，在第一组侧板的焊接和浸油试验完了后，吊到第2圈防风梁上做替换，并进行脚手架的连接等。

7.12.5　第2组侧板以后的组装

（1）用第1组侧板组装的方法，一面进行组装与调整，一面组装到最上段。另外，测定中间段和最上段的对称立柱间距离，以作参考。

（2）最上段侧板，在组装前应进行屋顶外周环板搭接板部分的切口及屋顶外周环板安装用搭接板的安装焊接（参见图7-26）。

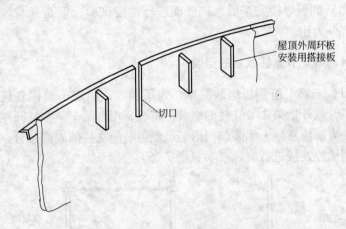

图 7-26　屋顶外周环板搭接板部分的切口及屋顶外
周环板安装用搭接板的安装焊接

7.13　屋顶的起吊

7.13.1　起吊准备

（1）屋顶梁外周环板部分的屋顶板，对照屋顶起吊制动器的长度、宽度，标记切断线，并切断除去（参见图7-27）。接着，焊接外周环板与制动器，焊完后立即进行目视检查，焊接不良处应补修（参见图7-28）。

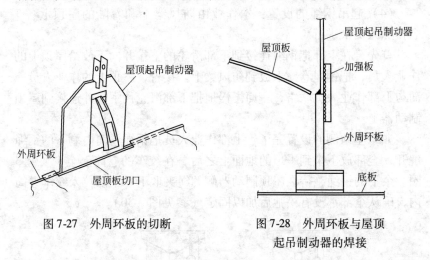

图 7-27　外周环板的切断

图 7-28　外周环板与屋顶
起吊制动器的焊接

（2）起吊杆在地上用螺栓临时组装后部和左右支撑件。另外把起吊用钢绳的卷筒固定在起吊杆的下部，钢绳的一端经过起吊杆滑轮固定在起吊侧下部滑轮上。接着把带台座的钢绳挂在起吊杆的顶部，用吊车起吊。通过连接板用螺栓与侧板、立柱的最上部连接。然后在起吊杆上安装水准器、进行直角两个方向的垂直度的调整、安装后部及左右支撑件。以后顺次用相同的方法进行全部起吊杆的安装（参见图7-29）。

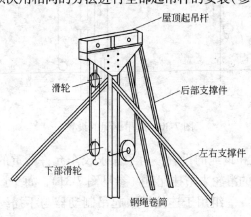

图 7-29　起吊杆的安装

（3）在第 1 节立柱下部用焊接安装手动绞车的支承座，用螺栓连接来安装手动绞车。

（4）起吊钢绳的设置：本作业由防风梁上和着陆的屋顶上各 1 名作业人员来进行。

首先，在上部把钢绳连接到下部滑轮的下端并向下放给屋顶上的作业人员，把钢绳卷筒下放到防风梁上。接着，屋顶上的作业人员一面与上部作业人员联络，一面慢慢地把下部滑轮往下拉并连接到屋顶制动器上。

如果屋顶侧的设置完了，上部作业人员把钢绳卷筒内剩下的钢绳解开，全部放下来到平坦的地面上之后，在绞车的卷筒上至少要绕 3 圈。余下的钢绳，待在屋顶制动器侧的绳夹取下并全部拉入绞车卷筒内，确认全部都没有松弛后加以固定（参见图 7-30）。

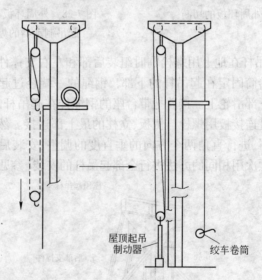

图 7-30　起吊钢绳的设置

（5）配重和钢绳的设置：为了谋求绞车允许荷重的减轻，从屋顶通过起吊杆的滑轮来吊挂配重（参见图 7-31）。每个屋顶起吊杆上配有两组滑轮，一组用于连接屋顶起吊制动器与手摇绞车之间的钢绳，另一组连接屋顶起吊制动器与平衡配重之间的钢绳。起吊杆与平

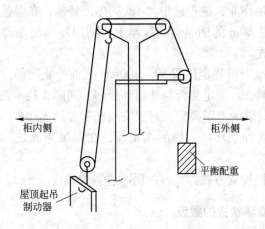

图 7-31　吊挂配重

衡配重的个数均与侧板立柱的根数相同。

7. 13. 2　起吊与屋顶外周环板的固定

起吊作业，用 n 台（n 为侧板立柱根数）手动绞车（例如 8 万 m^3 煤气柜侧板立柱根数为 30 根，则使用 30 台手动绞车，每台手动绞车的起吊能力为 3t）一齐卷上来进行，途中可暂时同时停止于各层防风梁处中歇，进行观察、调整，起吊到最上段时进行固定。在整个起吊过程中，要保持屋顶的水平，要使各绞车的卷上速度相等。

起吊时配置下列人员（以 8 万 m^3 煤气柜为例）：

指挥负责人	1 名
起吊杆监视人员	5 名
配重监视人员	5 名
绞车周围监视、联络人员	4 名
绞车操作人员	30 名
合　计	45 名

（1）起吊开始前，通过绞车单机卷上把屋顶上升 50mm，进行安全的确认。

（2）起吊作业，进行途中每 1m 的标记替换，在保持屋顶水平稳定的同时把约 60m 的钢绳卷到绞车上，利用屋顶制动器于各层防风梁处中歇停放。

（3）在最上段规定位置 50～100mm 之前停止起吊，用每 1 台绞车进行起吊调整。测定侧板与外周环板间的间隔，狭窄的部分使用千斤顶，实行间隔的等距离后，对照安装在上部的连接板，焊接外周环板的连接板（外周环板一侧的连接板，在起吊完成之前不能进行焊接）。

（4）连接板双方在拧螺栓的同时进行焊接。

7.13.3 屋顶环状板的敷设

（1）起吊程序结束后，立即迅速地敷设环状板。

（2）在确认了与顶部角钢的重叠尺寸以及环状板相互接缝的重叠尺寸之后，进行全周屋顶环状板的敷设。

（3）全部各处定位焊接后，把全周分为 4～6 个区间往同一方向进行焊接。焊接时按照需要使用防歪斜的夹具，以防止歪斜。

以上工程为现场安装工程的第一期，即从内部基础测量定心到屋顶起吊结束为止。

7.14 T挡板支架组装

7.14.1 内部作业的准备

7.14.1.1 内部作业口的设置

为了内部作业时汽车吊（例如 8 万 m³ 煤气柜使用 28t 的汽车吊）和材料搬运车辆等的出入，如果撤去仅预先定位焊接的第 1 组侧板的一跨，就形成作业口。

首先，在撤去的侧板各段用支架和脚手架板设置临时脚手架。撤去作业从上部侧板开始，除去定位焊接，用吊车起吊后，拆去加强筋与支柱的连接螺栓。

7.14.1.2 车辆底基层的设置

侧板开口完了后，在地上、混凝土挡墙、活塞板之间，按图设置底基层。

7.14.1.3　临时设置照明

作为内部作业时的照明设备，在屋顶内部平台设置水银灯4个左右，在混凝土挡墙上设置灯具若干个。

7.14.2　支架安装位置定中心做标记

（1）在定中心作业前，组装移动脚手架，其高度要能在支架的顶端作定心作业。

（2）从脚手架上部，使用铅垂，对照底板上的分割中心，以1.5～2m的间距在上部及中间点做垂直中心的标记。

（3）在混凝土挡墙上面或者底板环状部分设置水准仪，以任意高度在上述垂直线上标记上直角线。然后全周测定从直角线到环状板的距离，以基础的最高处为基准，决定支架顶端高度。

7.14.3　材料的搬入及配置

（1）组装之前用卡车和吊车把材料搬入本体内部。

（2）材料的配置按照方位，进行斜撑材料、安装部分支柱等的挑选，根据组装顺序整理配置。

7.14.4　组装

（1）组装要使用移动脚手架来进行。首先，用汽车吊把支架支柱降到侧板附近，稍作起吊，对准基准线，进行上端面的焊接。焊接完毕后，松开吊车，从支柱下部用千斤顶等推，与侧板的表面接合并进行定位焊接。

（2）内侧支柱的下部基座，对准基准线决定位置后，在两侧临时填入垫片，以防止偏斜。

（3）第1支柱组装完毕后，移动脚手架移到组装方向，顺次用同样的方法进行组装。

另外，关于第2支柱以后的组装，要预先用螺栓临时组装中间部及上部的水平构件，在该支柱组装完了时，进行连接。

（4）侧板开口部支柱用临时的间隔材与侧板立柱进行临时连接，包括同跨度的中间支柱在内，在内部作业结束时进行正式组装。

（5）开口部支柱的上部，临时设置水平梁，在T挡板组装完了后，解体撤去（参见图7-32）。

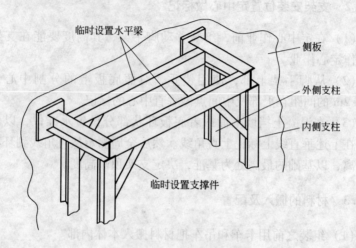

临时设置水平梁

侧板

外侧支柱

内侧支柱

临时设置支撑件

图 7-32　临时设置水平梁

（6）全体组装完毕后，按照图纸规定开始正式焊接。但是开口部支柱与连接的水平构件的正式焊接，要在开口部正式组装时进行。

（7）基准以下的支柱基座面与气柜底板上表面的间隙，要插入垫片进行高度调整。垫片插入完了后从基座上面用榔头敲击，要确认没有间隙。

7.14.5　支架基座的固定

根据垫片的插入高度的差异而采用不同的施工方式（参见图7-33），垫片高度在30mm以上时按图7-33c施工。

另外，不论何种方式都要焊接施工，在底板上面及基板下面以及在垫片之间要注意不要浸水。

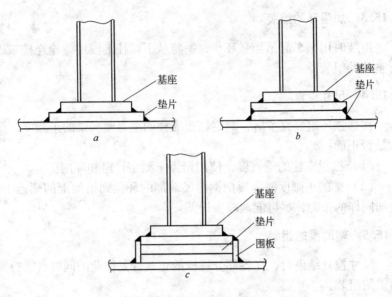

图 7-33 不同垫片插入高度的施工方式

7.15 活塞挡板组装

7.15.1 材料的搬入和配置

在组装以前用汽车和吊车把材料搬入柜本体内部。

材料的配置要考虑正式组装时的作业性质。例如,把加强环配置在 T 挡板支架支柱的基部,把挡板支柱和梁配置在活塞板上面。

7.15.2 挡板支柱和梁的组装

(1) 在活塞混凝土挡墙制作时所安装的连接梁上,以各自的水平测定值为基准,通过螺栓的结合来进行支柱的组装(使用汽车吊)。

(2) 两根支柱组装完了后,用汽车吊起吊梁,连接于支柱上部之间。接着测定支柱的垂直度,在径向用在 T 挡板支架和挡板支柱间临时设置的螺栓扣进行修正,在环向用活塞挡板支柱间拉杆的螺栓扣进行修正。顺次用同样的方法使全周的组装结束。

7.15.3　加强环的组装

组装时用吊车起吊加强环，每一跨从下段往上段用螺栓连接来进行整跨的组装。

7.15.4　尺寸检查

在加强环组装完了后，测定挡板支柱的垂直度和梁的正圆度，确认是否正确：

（1）挡板支柱的垂直度，使用铅锤来测定径向和环向。

（2）梁的正圆度测定要把钢卷尺端部的环挂到桁架上的螺栓上，施加同样的张力，尽可能地减少误差。

7.15.5　辅助梁的组装

尺寸检查结束后，在各部分螺栓的正式拧紧作业的同时，进行辅助梁的组装。

7.15.6　焊接

组装结束后，剩下位于侧板开口部的一跨，其余的进行焊接。

（1）焊接顺序，从支柱基部开始，顺次经过加强环，向梁的接头、辅助梁推进。

（2）各焊接部的形状按图纸规格进行，焊接条件差的地方要特别小心施工。

另外，焊接完了后要迅速地仔细检查，发现不良处要当场修补好。

7.15.7　附件的安装

除了调平钢绳的安装部分以外，梯子等要按图安装。

另外，在活塞板上安装附件时，要充分注意不要伤到活塞板或在其上开孔等。

7.16　T 挡板组装

7.16.1　T 挡板地上组装

（1）在挡板分区间之前，使用钢板和槽钢进行制作胎两面的组装。

（2）制作胎用水准仪确认水平度，在制作胎上根据制作图标记支柱间隔等一个区间的尺寸。

（3）把支柱承受台（槽钢）用定位焊接设置在制作胎上，并在上面设置挡块。另外，承受台上的水平度，基准尺寸（包括对角尺寸）等均须正确。

（4）区间的组装为上部、下部各 n 套（n 为支柱根数），外周边在下面以挡块为基准，支柱、梁等用螺栓进行临时组装。使用钢卷尺测定内周面的纵横以及对角线的各尺寸，确认了在允许值以内后再次拧紧螺栓、焊接各接头。另外，对角尺寸的修正，要用正式设置的拉杆螺栓扣来进行。

（5）内壁板的配列要注意板全体的上下端尺寸和重叠尺寸来进行施工。板相互间先定位焊接，接着开始正式焊接，最后进行与支柱的焊接。另外，爬梯部分作成临时固定，正式焊接在正式组装后进行。

（6）前记作业完了后，把区间从制作胎取下，翻里作面来放置，进行内壁板里面的焊接和第（4）项未焊接部分的焊接。

（7）上部区间的制作也用和下部区间同样的方法进行。基本组装完了后，标记最上部跨间悬臂补强构件的连接板位置，临时安装构件后，进行各接头的焊接。然后再翻过来进行未焊接部分的焊接。

（8）最上段桁架的台面的安装要在最后进行定位焊接。

7.16.2 盖板（封板）的组装

（1）从 T 挡板支架上，使用铅锤，把底板上的基准线移换到支架上面。

（2）盖板配列之前，确认了上记标记的正圆度之后，再进行配列。盖板相互配列时的固定，使用插销和门形金属件（参见图7-34）。

（3）全周配列完了后，进行各接缝部分的焊接。先施行定位焊，然后大致分成4等分，每隔一条往同一方向开始焊接。

（4）焊接完了后，在盖板上进行密封槽钢和密封角钢的安装，这时要考虑收缩余量。

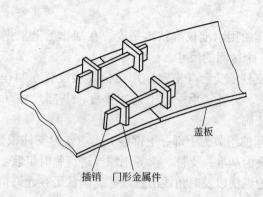

盖板

插销　门形金属件

图 7-34　盖板相互配列时的固定

安装作业，要在各接头的图示间隔上加上收缩余量来进行定位焊接。确认与盖板端部的出入和直径后，进行各接头部分的正式焊接，接着与盖板进行定位焊接。同盖板的焊接，先进行密封槽钢后进行密封角钢，等分分割后在同一方向进行焊接。另外，焊接终了后，密封安装面要用砂轮机来加工。

（5）支柱安装座组装时用铅锤和水准器进行中心标记，用卷尺来测定在密封角钢侧分割的对角线尺寸，并确认正确与否。然后在做了标记的位置上定位焊接支柱安装座，全部安装完了时，同时每隔一处进行正式焊接。

（6）全部焊接完了后，接触煤气的一侧涂油，进行浸透检查。特别是密封槽钢和密封角钢的接头部分要仔细进行检查，如发现缺陷要当场修补。

7.16.3　下部 T 挡板的组装

（1）把预先在地上组装的下部 T 挡板和梁等搬入内部，以爬梯部分的区间为基准配置在活塞板上。

（2）组装从爬梯的部分开始，用吊车起吊，在支柱安装座上用螺栓来连接。

两个区间以后的组装，仅上部梁预先用螺栓连接，做成单门形起吊，与已经组装的区间相连接。顺次用同样的方法进行全部的组装。

另外，每一区间组装都要用铅锤进行环向和径向垂直度的确认、修正。

（3）中间梁安装之前，在下部 T 挡板上端部分，使用钢卷尺测定 n 处（n 为支柱根数）的直径，确认在允许值以内后，正式拧紧支柱安装部和最上部的螺栓。

（4）中间梁的组装，使用吊车，从下段往上段靠螺栓拧紧来连接。顺次用同一方法进行全周的组装，中间拉杆的安装也同时进行。

（5）如果全部组装结束，就进行 n 点（n 为支柱根数）的正圆度测定和各支柱的垂直度测定（半径方向外倾 25mm 设定），确认在允许值以内就再次拧紧螺栓。

（6）焊接从根部开始向上方进行，内周侧（内壁板侧）先焊接。全部焊接完了后，进行目视检查，如需修补应当场进行。

（7）用吊车把 T 挡板组装用悬挂式脚手架吊到内壁板未安装完毕部分，作为作业平台，对每一跨度一面要注意重叠尺寸一面从下段安装到上段。

（8）安装完了后，内外同时进行焊接，焊完后密封膜的接触用砂轮机加工使之无突起物。通过两台组装脚手架的吊换移动来完成全部组装。

（9）内壁板焊接完了后，进行 n 个点（n 为支柱根数）的正圆度测定和各支柱的垂直测定，并做记录。

7.16.4　上部 T 挡板的组装

组装是通过各连接板用螺栓使之与下部 T 挡板的支柱相连接，一边调整垂直度，一边进行全周的临时组装。另外，在组装时，最上部的接触活塞的悬臂，应充分注意朝向气柜中心。关于其他组装事项，与下部 T 挡板同样地进行。

7.17　波纹板组装

波纹板的安装，要在活塞挡板和 T 挡板的安装面涂漆都完了后再进行。但是，活塞挡板的波纹板的开口部分要在侧板封闭后进行。

7.17.1 连接金属件的安装

波纹板在安装前要进行涂漆。待干燥之后，在地上用螺栓来紧固连接金属件。安装时除最上部（向上）之外，进行全部安装。并且T挡板用波纹板的上、下连接用金属件要安装于上、下部的一个方向，正式组装时要把螺栓完全拧紧。

7.17.2 波纹板的组装

组装要用汽车吊进行，使用专用天平，一次起吊一跨的全部数量，并安装在挡板上。

起吊时,通过吊索或链条的长度调整把波纹板起吊到倾斜后,在侧板—T挡板及T挡板—活塞挡板的各间隙部分慢慢放下,从低的一方起把连接金属件镶到一定位置的挡板角钢上并进行固定(参见图7-35)。

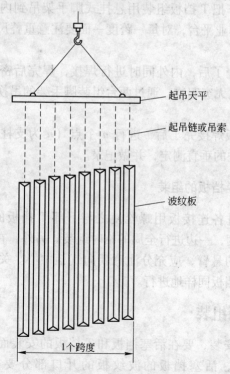

图 7-35　波纹板的组装

全部镶完了后，在把最上部的连接金属件（向上）镶到挡板角钢上的同时，用螺栓与波纹板紧固在一起。

T挡板用上部和下部波纹板的连接，在确认了垂直中心后拧紧螺栓。

7.17.3 调整及防移动金属件的安装

最后进行了各波纹板的间隔调整后，在波纹板的上下安装防移动金属件。

7.18 附件组装

附件的安装位置，分布在侧板、屋顶及活塞板上，根据各自安装的场所来决定安装时期。

7.18.1 侧板附件的安装

接管类（煤气入口、煤气出口、排水等）在开孔之前，按照图纸正确地标记了安装位置后，要再一次进行安装位置的确认。

煤气出入口接管和侧板人孔的开孔，要在第2组侧板组装完了后，在适当的时候进行。

煤气出入口接管等焊接时，由于是大口径，在进行焊接时要充分注意正圆度及由于焊接而产生的侧板的歪斜。

最下段的侧板通风孔，要在侧板密封角钢组装完了后，对照密封角钢的位置安装。

圆周楼梯的安装，按照侧板的组装进行，从最下段顺次安装，另外扶手也同样地安装。

7.18.2 屋顶附件的组装

在屋顶起吊前，屋顶内部平台、屋顶中央通风孔、屋顶中央走廊等，要按照图纸正确地定中心及做了标记后组装。另外，屋顶人孔及其他的附件要在屋顶起吊后组装。

7. 18. 3　调平装置的安装

在组装时，按照定位图，标记定中心后要再一次进行位置的确认。

滑轮支架的组装用吊车进行，活塞部附件的安装位置标记一结束就开始作业，屋顶上的钢绳套筒位置确定后，就在该部分开小孔，垂下铅锤，检查同活塞部钢绳安装位置的垂直度。据此，如果有大的误差时，因为担心某一个中心有错误，所以要再一次确认。另外，如果没有大的误差（小于200mm），就要移动活塞安装部位来安装。以上的事项是重要的，因为一旦疏忽在活塞动作时就构成不平衡的原因，所以要正确地进行。

调平配重的导轨组装，在滑轮支架组装完了后，用铅锤来进行位置确定。组装从上部或下部的某一方开始都可以。

钢绳和配重的安装，要在密封膜的安装完了后进行，钢绳的连接全部使用卡箍，卡紧后要再一次检查确认。

滑轮类在附件安装时进行，钢绳组装完了后要把润滑脂充分地注入轴承内。

7. 18. 4　放散管的安装

用经纬仪表来进行各防风梁上放散立管中心的标记，并且用钢卷尺等来进行水封管安装位置的标记。

水封管要预先在地面组装好。

组装用吊车进行，确认垂直度后由每一跨顶部防风梁开口部位吊下，然后在托架处进行定位焊接。

全段组装完了后，要进行立管托架等全部安装以及进行全部焊接。

7. 19　密封膜的搬入

搬入作业，除侧板开口部外是在活塞板上的吊车作业，在不担心烟火飞来等的时候以捆包状态搬入到活塞板上。

搬入作业是装在汽车上搬入内部，用汽车吊卸到活塞板中央部位。根据情况用滚拉方式进行也可以。另外，装密封膜的箱子在安装之前不要开箱。

7.20　作业口的封闭

作业口的封闭作业要在密封膜搬入后进行。

（1）不要的材料的撤出和构件的搬入：临时设置的机械材料和不用的物品等，封闭后再搬出是困难的，在此时要撤去搬出。另外，封闭后必要的部件，密封安装金属件和内部支撑材料及混凝土块等要搬入。

（2）底基层的解体撤去：上述作业完了后，解体从外部用吊车起吊撤去。

（3）活塞挡板的组装：在 T 挡板的上部等设置杠杆式滑轮或链式滑轮，用这个进行开口部位的中央支柱、梁、加强材等的组装，最后进行波纹板的安装。

（4）侧板组装：侧板开口部位，用汽车吊从最下段进行组装，在已经组装的侧板上设立平台脚手架，进行下一段以后的组装。全部焊接完了后，就立即进行焊接部分的油浸透试验。

（5）T 挡板支架的组装：在 T 挡板的梁的外周设置杠杆式滑轮或链式滑轮，进行支架支柱的组装。

以上工程为现场安装工程的第二期，即从 T 挡板支架组装到侧板作业口封闭完了为止。

7.21　密封膜组装

7.21.1　开箱

开箱作业从侧板开口部和内部构造的组装焊接完毕后进行。

开箱时，要注意绝对不要损伤密封膜，除去底的材料，进行全部解体。

开箱作业结束后，除去搬出箱包材料并仔细地进行活塞盘上的清扫，要确认展开时的密封膜上没有损伤。

7.21.2　起吊准备

在屋顶人孔上设置起吊密封膜用的手动绞车,把钢绳下降到活塞板上。

密封膜如图 7-36a 所示的那样被卷着,先展开"A"捆后,然后一边展开"B"捆一边如图 7-36b 所示,使密封膜的吊环或起吊边处在上部并叠起。

图 7-36　展开密封膜

展开完毕后,顺编号把钢绳连接到密封膜的吊环或起吊边。

7.21.3　起吊

起吊用手动绞车操作,要按照煤气柜内部指挥者的指示,充分地注意不得单侧起吊。

手动绞车同时操作的台数,要尽可能地多,至少为立柱数的1/3。

起吊,先慢慢起吊被展开的密封膜,把密封膜整体做成圆筒形。接着平均地修正了起吊高度后,再继续进行起吊。另外,要注意在起吊过程中彼此相邻的高度要相同。

起吊到所定高度后,外密封膜在侧板与 T 挡板的间隙部慢慢地放下,内密封膜在 T 挡板与活塞挡板的间隙部慢慢地放下。

7.21.4　组装

密封膜全体达到所定的高度后,用每一台手动绞车的动作进行安装高度的调整。接着在安装面上贴上密封胶。螺栓安装,一方面注意密封胶的脱落,另一方面由上部进行。接着下部也同样地进行。另外,安装作业因为是由许多作业人员进行的,所以要事前检查密封膜安装孔与安装配件的位置。

全部螺栓紧固完了后，要再一次紧固全部螺栓。

密封胶的贴法见图 7-37。

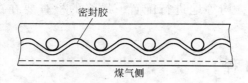

密封胶

煤气侧

图 7-37　密封胶的贴法

在安装作业全部完了时，由上部进行目视检查，要确认在密封膜上不发生折皱。

密封膜安装完毕后，在 T 挡板和活塞挡板上要注意不要放置东西。若不慎将东西落到密封间隙部内就必须取出。

7.22　内部附件安装

内部附件安装作业要在密封膜组装后进行。

（1）活塞支柱套筒的安装。若活塞板采用无支承梁的柔性结构，则须采用活塞支柱。若活塞板采用支承梁的刚性结构，则于活塞板的中央部分可取消活塞支柱（周边部分的活塞支柱可保留）。

对于前一种情况，在活塞板敷设时已做了标记的位置上，通过现场对合安装垫板和套筒，套筒的安装要正确地对合定位销（定位销处在径向线上，并靠近气柜中心），用水准仪从两个方向确认水平后进行焊接。支柱下部也对照活塞板的倾斜现场切断。

（2）活塞人孔安装。按照图面进行安装位置的定中心后，进行表面对合，定位焊接，然后进行正式焊接。

（3）调平钢绳的设定。密封膜组装完了后，用吊车起吊调平配重，一次安放在滑轮支架上。接着把钢绳连接到配重上，另一头连接到活塞侧。连接时要注意钢绳夹子的数量和安装方向，并完全拧紧。上述完毕后在活塞上用弹簧秤测定修正，要均等地加载荷重。

7.23　配重块的配置

在作业口空着的时候，配重块预先搬入到活塞混凝土挡墙的周围。按照图纸，均等地进行配置，最终的检查要在试运转调整时进行。

7.24　涂漆工程

（1）涂漆工程按照涂漆规格书进行。

（2）关于涂漆施工的时期，除外面涂漆外对照安装进行状况进行，在安装工程流程图上概略示出了涂漆施工时期。

（3）底板和活塞板的接触煤气的部分，待安设了活塞的周边支柱和中间支柱后再施工（该处的活塞板系柔性结构）。

（4）侧板内面的大气部分，往气柜内送入空气后以 T 挡板为脚手架，从最上部开始施工。

7.25　试运转调整

7.25.1　试运转调整前的准备

（1）柜前、后转炉煤气出入口管路系统；防喘振旁通回流及合成转炉煤气入口管路系统；氮气配管；给水配管；排水配管；有关电气设备要完好、能投入、有机能。

（2）特殊工器具、计测器具、通用工器具应准备好。

（3）各项测定的记录表应准备好。

（4）确认配管水封部分应装满水。

（5）升压鼓风机管路系统完备。

（6）有关图纸资料备好。包括：区域总平面布置图；扩大总平面布置图；设备布置图；装配图；部分装配图；系统图。

（7）安全注意。该阶段原则上不采取动火。在橡胶密封附近发生使用火器时，应对橡胶密封于事前制订好保护措施。不得使用工器具损伤橡胶密封。

7.25.2 试运转调整的项目

7.25.2.1 调平装置的驱动状况调试

准备、确认事项：在配重导轨上有无突起物；各滑轮安装是否正确；调平钢绳的安装是否正确；钢绳给脂；有关的轴承给脂。

实施要领：在活塞和T挡板的动作中进行。

判定标准：确认调平配重是否动作协调。

7.25.2.2 活塞和T挡板的水平调整和测定

准备、确认事项：设置鼓风机，确认能否送入空气；活塞和T挡板上有无其他东西；混凝土块是否按设计要求配置；活塞周边的水位计配管中的充水量是否合适，有无气泡；调平装置的工作准备是否完毕。

实施要领：活塞着陆时测定调平钢绳的张力；分别测定连接同一配重的钢绳的张力、用螺旋扣均匀地调整钢绳的张力。对全组数量依次进行这种测定和调整（如图7-38所示，在T挡板的最上部走廊上把弹簧秤挂到调平钢绳上，安放直尺并拉伸一定距离，记下该弹簧秤表示的数值，此值有偏差时，调整活塞侧的钢绳螺旋扣使钢绳的张力

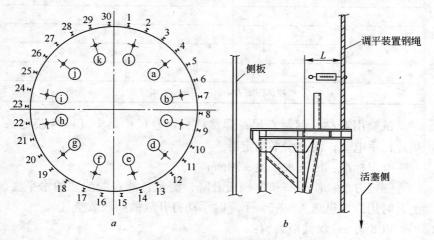

图7-38 活塞调平装置和钢绳张力的测定

a—测点平面位置（以8万 m³ 煤气柜为例）；b—测量方法示意

达到大体均等。钢绳调整前后的弹簧秤的读数记录在表 7-1 上）；送入空气，最大限度地伸长内密封橡胶膜使活塞上升，然后使活塞一次下降到着陆之前时进行活塞的水平测定；活塞水平有误差时，移动混凝土块（其单块重量的设计值为 30kg，其单块重量的偏差不应超出 ±0.5kg），尽可能地调整活塞的水平；在活塞挡板的上部放置黏土球（或橡胶泥做成的球），使活塞上升到顶上 T 挡板之前，测定黏土球（或橡胶泥做成的球）的高度差并记录在案，然后用垫片来调整高度。

表 7-1　钢绳调整前后弹簧秤的读数记录　　　　　　　（kg）

测定位置＼测定项目	弹簧秤的读数	
	调整前	调整后
ⓐ		
ⓑ		
ⓒ		
ⓓ		
ⓔ		
ⓕ		
ⓖ		
ⓗ		
ⓘ		
ⓙ		
ⓚ		
ⓛ		
拉伸距离 $L=$　　　mm（一定）		

　　试验用器材：钢制直尺；弹簧秤；钢卷尺；黏土（或橡胶泥）；垫片；手电筒；活塞水平测定器。

　　判定标准：活塞水平度 ±30mm。

　　测定方法：使活塞和 T 挡板升降，测定各测点的活塞的水平度。上升时用鼓风机送入空气，下降时手动打开放散阀放散空气。

　　以 8 万 m³ 煤气柜为例：

　　（1）配重块的配置平面按图 7-39，配重块的配置记录填写于表 7-2 上。

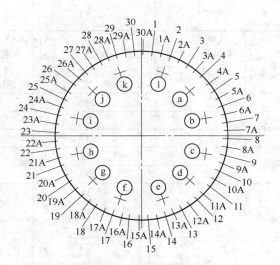

图 7-39 配重块和黏土泥球的配置平面

表 7-2 配重块的配置记录 （个）

支柱号	设计数量 项目	N 块(实际配置数) 25 块 (设计数)	备注	支柱号	设计数量 项目	N 块(实际配置数) 25 块 (设计数)	备注
1				8A			
1A				9			
2				9A			
2A				10			
3				10A			
3A				11			
4				11A			
4A				12			
5				12A			
5A				13			
6				13A			
6A				14			
7				14A			
7A				15			
8				15A			

支柱号 \ 项目 设计数量	N 块(实际配置数) / 25 块(设计数)	备注	支柱号 \ 项目 设计数量	N 块(实际配置数) / 25 块(设计数)	备注
16			23A		
16A			24		
17			24A		
17A			25		
18			25A		
18A			26		
19			26A		
19A			27		
20			27A		
20A			28		
21			28A		
21A			29		
22			29A		
22A			30		
23			30A		

注: 支柱 1 ~ 1A 之间记入支柱编号 1 栏;
　　支柱 1A ~ 2 之间记入支柱编号 1A 栏。

(2) 黏土泥球的配置平面按图 7-39, 黏土泥球的充填高度填写于表 7-3 上。

表 7-3　黏土泥球的充填高度记录　　　　　　　　　　(mm)

支柱号 \ 项目	黏土泥球高度 读取值	衬垫厚度 使用厚度	支柱号 \ 项目	黏土泥球高度 读取值	衬垫厚度 使用厚度
1			4A		
1A			5		
2			5A		
2A			6		
3			6A		
3A			7		
4			7A		

续表 7-3

项目 支柱号	黏土泥球高度 读取值	衬垫厚度 使用厚度	项目 支柱号	黏土泥球高度 读取值	衬垫厚度 使用厚度
8			19A		
8A			20		
9			20A		
9A			21		
10			21A		
10A			22		
11			22A		
11A			23		
12			23A		
12A			24		
13			24A		
13A			25		
14			25A		
14A			26		
15			26A		
15A			27		
16			27A		
16A			28		
17			28A		
17A			29		
18			29A		
18A			30		
19			30A		

（3）活塞和 T 挡板的水平测定平面位置按图 7-39，活塞和 T 挡板的水平测量在活塞水平测定器上的读数示意见图 7-40，水平测定

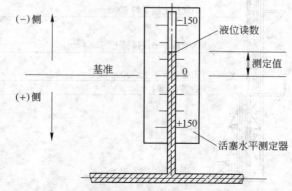

图 7-40 水平测量在活塞水平测定器上的读数示意图

的立面位置见图7-41，水平测定的数据填写于表7-4上。

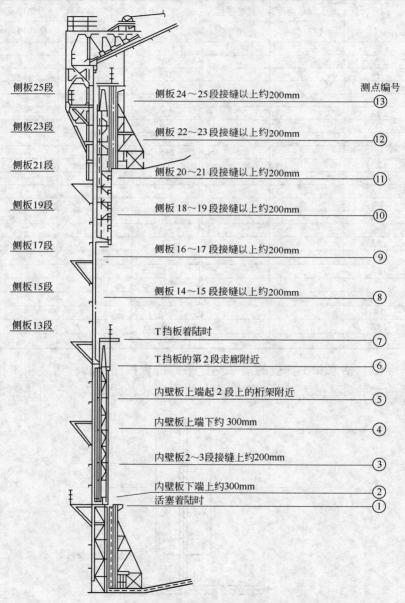

图 7-41   水平测定的立面位置

表 7-4 水平测定数据记录 （mm）

活塞上升或下降							上升时						
测定点	内 密 封						外 密 封						
允许值	活塞 ⟷ T 挡板						T 挡板 ⟷ 侧板顶						
	①	②	③	④	⑤	⑥	⑦	⑧	⑨	⑩	⑪	⑫	⑬
测定位置	基准 0 ± 30												
ⓐ	( )	( )	( )	( )	( )	( )	( )	( )	( )	( )	( )	( )	( )
ⓑ	( )	( )	( )	( )	( )	( )	( )	( )	( )	( )	( )	( )	( )
ⓒ	( )	( )	( )	( )	( )	( )	( )	( )	( )	( )	( )	( )	( )
ⓓ	( )	( )	( )	( )	( )	( )	( )	( )	( )	( )	( )	( )	( )
ⓔ	( )	( )	( )	( )	( )	( )	( )	( )	( )	( )	( )	( )	( )
ⓕ	( )	( )	( )	( )	( )	( )	( )	( )	( )	( )	( )	( )	( )
ⓖ	( )	( )	( )	( )	( )	( )	( )	( )	( )	( )	( )	( )	( )
ⓗ	( )	( )	( )	( )	( )	( )	( )	( )	( )	( )	( )	( )	( )
ⓘ	( )	( )	( )	( )	( )	( )	( )	( )	( )	( )	( )	( )	( )
ⓙ	( )	( )	( )	( )	( )	( )	( )	( )	( )	( )	( )	( )	( )
ⓚ	( )	( )	( )	( )	( )	( )	( )	( )	( )	( )	( )	( )	( )
ⓛ	( )	( )	( )	( )	( )	( )	( )	( )	( )	( )	( )	( )	( )
$\frac{A}{B}$	(0)	(0)	(0)	(0)	(0)	(0)	(0)	(0)	(0)	(0)	(0)	(0)	(0)

活塞上升或下降							下降时						
测定点	内 密 封						外 密 封						
	活塞⟷T挡板						T挡板⟷侧板顶						
允许值	①	②	③	④	⑤	⑥	⑦	⑧	⑨	⑩	⑪	⑫	⑬
测定位置	基准 0±30												
ⓐ	( )	( )	( )	( )	( )	( )	( )	( )	( )	( )	( )	( )	( )
ⓑ	( )	( )	( )	( )	( )	( )	( )	( )	( )	( )	( )	( )	( )
ⓒ	( )	( )	( )	( )	( )	( )	( )	( )	( )	( )	( )	( )	( )
ⓓ	( )	( )	( )	( )	( )	( )	( )	( )	( )	( )	( )	( )	( )
ⓔ	( )	( )	( )	( )	( )	( )	( )	( )	( )	( )	( )	( )	( )
ⓕ	( )	( )	( )	( )	( )	( )	( )	( )	( )	( )	( )	( )	( )
ⓖ	( )	( )	( )	( )	( )	( )	( )	( )	( )	( )	( )	( )	( )
ⓗ	( )	( )	( )	( )	( )	( )	( )	( )	( )	( )	( )	( )	( )
ⓘ	( )	( )	( )	( )	( )	( )	( )	( )	( )	( )	( )	( )	( )
ⓙ	( )	( )	( )	( )	( )	( )	( )	( )	( )	( )	( )	( )	( )
ⓚ	( )	( )	( )	( )	( )	( )	( )	( )	( )	( )	( )	( )	( )
ⓛ	( )	( )	( )	( )	( )	( )	( )	( )	( )	( )	( )	( )	( )
$\dfrac{A}{B}$	(0)	(0)	(0)	(0)	(0)	(0)	(0)	(0)	(0)	(0)	(0)	(0)	(0)

注：A 值 $= \dfrac{\text{读出值最大值} + \text{读出值最小值}}{2}$；

B 值 = 基准值；$B = 0$。

7.25.2.3　焊接部分煤气泄漏检查

以两段式密封的 8 万 m^3 煤气柜为例，检查部位包括：

C-1：密封角钢以下的侧板间焊缝的全部（需返修部位用 "C-1" 标注在表 7-5 及表 7-6 上）。

表 7-5　密封角钢以下侧板间焊缝需返修部位（Ⅰ）

段号	立柱号															
6																
5																
4																
3																
2																
1																
立柱号	1	30	29	28	27	26	25	24	23	22	21	20	19	18	17	16

段号	立柱号															
6																
5																
4																
3																
2																
1																
立柱号	16	15	14	13	12	11	10	9	8	7	6	5	4	3	2	1

表 7-6　密封角钢以下侧板间焊缝需返修部位（Ⅱ）

段号	立柱号															
11																
10																
9																
8																
7																
立柱号	1	30	29	28	27	26	25	24	23	22	21	20	19	18	17	16

段号	立柱号															
11																
10																
9																
8																
7																
立柱号	16	15	14	13	12	11	10	9	8	7	6	5	4	3	2	1

C-2：各种煤气接管与侧板的焊接部位及接管与法兰的焊接部位（煤气入口管、煤气出口管、回流及合成转炉煤气接入管的返修部位分别用"C-21"、"C-22"、"C-23"标注在图7-42上）。

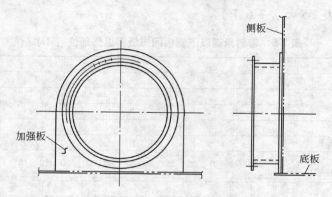

图7-42 煤气接管与侧板、法兰的焊接检查部位

C-3：外密封上部密封角钢与侧板的焊接部位（检查部位见图7-43，需返修部位用"C-3"标注在图7-44上）。

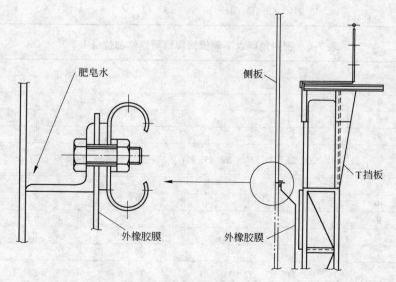

图7-43 外密封上部密封角钢与侧板的焊接检查部位

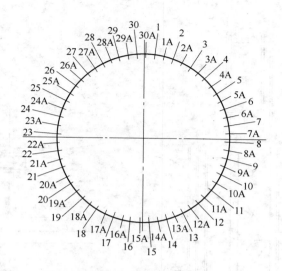

图 7-44　外密封上部密封角钢与侧板焊接需返修部位

C-4：外密封下部安装用型钢与 T 挡板底封板的焊接部位（检查部位见图 7-45，需返修部位用"C-4"标注在第 2 张图 7-44 上）。

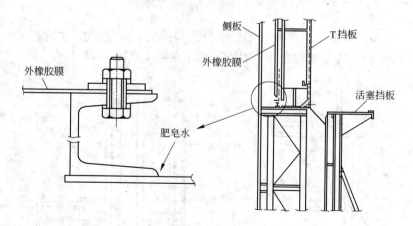

图 7-45　外密封下部安装用型钢与 T 挡板底封板的焊接检查部位

C-5：内密封上部安装用型钢与 T 挡板底封板的焊接部位（检查部位见图 7-46，需返修部位用"C-5"标注在第 3 张图 7-44 上）。

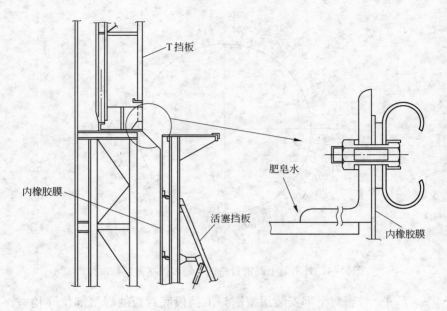

图 7-46　内密封上部安装用型钢与
T 挡板底封板的焊接检查部位

　　C-6：内密封下部安装用型钢与活塞挡板的焊接部位（检查部位见图 7-47，需返修部位用"C-6"标注在第 4 张图 7-44 上）。

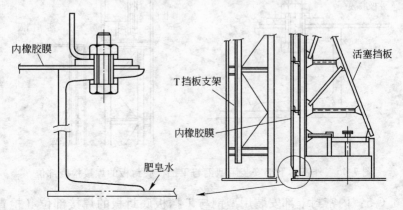

图 7-47　内密封下部安装用型钢与活塞挡板的焊接检查部位

检查手段：在柜内利用鼓风机送入空气，在充压的情况下对上述各条焊缝涂肥皂水检漏。

判定标准：无泄漏。

注：若煤气柜选用三段式密封，在中密封部分的焊接泄漏检查需相应扩大。

7.25.2.4　橡胶膜连接部分煤气泄漏检查

以两段式密封的 8 万 m^3 煤气柜为例，检查部位包括：

d-1：外密封上部橡胶膜连接部位（检查部位见图 7-48，需返修部位用"d-1"标注在第 5 张图 7-44 上）。

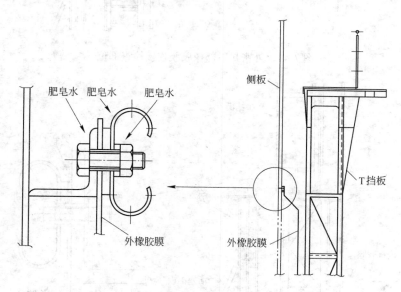

图 7-48　外密封上部橡胶膜连接检查部位

d-2：外密封下部橡胶膜连接部位（检查部位见图 7-49，需返修部位用"d-2"标注在第 6 张图 7-44 上）。

d-3：内密封上部橡胶膜连接部位（检查部位见图 7-50，需返修部位用"d-3"标注在第 7 张图 7-44 上）。

d-4：内密封下部橡胶膜连接部位（检查部位见图 7-51，需返修部位用"d-4"标注在第 8 张图 7-44 上）。

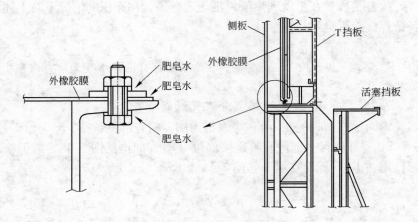

图 7-49　外密封下部橡胶膜连接检查部位

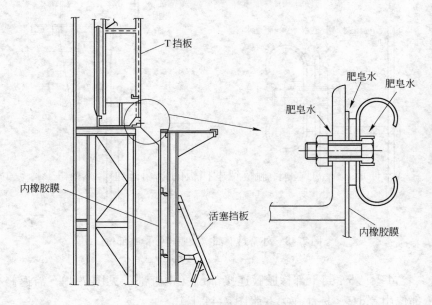

图 7-50　内密封上部橡胶膜连接检查部位

　　检查手段：在柜内利用鼓风机送入空气，在充压的情况下对橡胶膜的紧固部位涂肥皂水检漏。

　　判定标准：无泄漏。

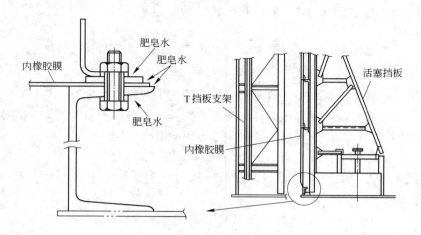

图 7-51 内密封下部橡胶膜连接检查部位

注：若煤气柜用三段式密封，在中密封的上、下部橡胶膜的连接部位的泄漏检查需相应扩大。

7.25.2.5 自动放散阀的开启调试与关闭泄漏检查

准备、确认事项：确认放散阀驱动钢绳的设置是否正确及有无松弛；顶上杆的螺栓是否紧固；顶上杆的工作是否正常；确认、调整放散位置。

实施要领：使活塞和 T 挡板上浮到煤气柜储存容积的上限（满量），使放散阀的顶上杆触及到 T 挡板的顶端；随着活塞和 T 挡板的超满量上浮，自动放散阀同时逐步开启；确认达储存容积的上限（满量）时侧板最上端与 T 挡板的垂直间距与设计图纸是否一致（若不一致时应调整放散阀顶上杆的位置）；放散阀处于关闭状态时，在阀口处用肥皂水试泄漏。

判定标准：系统动作圆滑，放散阀关闭后无泄漏。

7.25.2.6 运转中的橡胶膜外观检查

准备、确认事项：使活塞和 T 挡板上浮到最上段，确认密封橡胶膜张开了之后再试着下降。

实施要领：在活塞挡板和 T 挡板的上部配置人员，从上方观察密封橡胶膜的卷边状态。另外，也从波纹板的下部间隙处观察。缺陷部位在哪两个立柱间及靠近哪段侧板可利用表 7-5 和表 7-6 做记录。

判定标准：上部观察运转中无皱纹；下部观察无皱纹重叠。

7.25.2.7　煤气柜工作压力的调整

准备、确认事项：活塞和 T 挡板的水平调整结束之后。

实施要领：设置压力计，测定 T 挡板上浮前和上浮后的 2 点柜内气体压力；按需要增减平衡活塞压力用的混凝土块。

判定标准：煤气压力最小值（即活塞压力）应等于设计值；煤气压力最大值（即 T 挡板上浮后的压力）应视作参考值，允许与设计值有出入。

7.25.2.8　活塞和 T 挡板的密封间隙测定

目的：调查活塞和 T 挡板在动作中是否发生偏心。

准备、确认事项：活塞水平度调查完了；橡胶垫调整完了。

实施要领：活塞上浮之后进行密封间隙的测定，在没有大的误差的情况下，一方面测定一方面使活塞上升达到密封橡胶膜张开，然后使活塞下降达到一次着陆并测定密封间隙；按照测定表依次测定活塞与 T 挡板和 T 挡板与侧板的间隙。

判定标准：外密封间隙为 370 ± 120mm；内密封间隙为 370 ± 145mm。

测定方法：使活塞和 T 挡板升降，测定各测点的密封间隙。上升时用鼓风机送入空气，下降时手动打开放散阀放散空气，使活塞和 T 挡板升降。测点立面图见图 7-52，测点平面图见图 7-53，测量位置见图 7-54，测量记录填写于表 7-7 中。

7.25.2.9　煤气柜压力变动测定

实际柜内煤气压力测定按表 7-8 的步骤进行。

7.25.2.10　柜容量指示计的调整

柜容量指示计包括机械式和超声波式两种，两者互为备用，可相互切换，每种均具有与活塞高程相关联的连锁控制操作机能。柜容量指示计除按各有关专业的要求调试外还执行以下的调整。

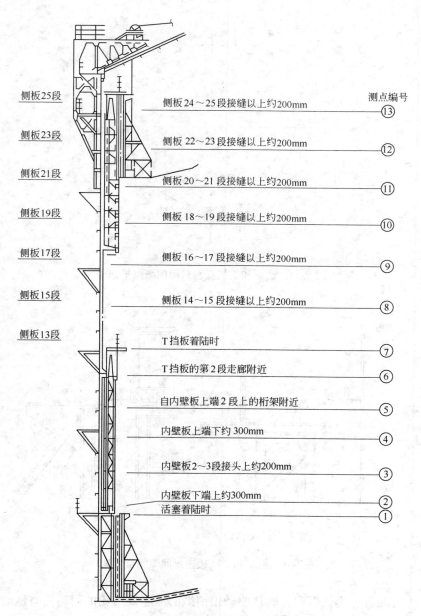

侧板25段

侧板23段

侧板21段

侧板19段

侧板17段

侧板15段

侧板13段

侧板 24～25 段接缝以上约200mm

侧板 22～23 段接缝以上约200mm

侧板 20～21 段接缝以上约200mm

侧板 18～19 段接缝以上约200mm

侧板 16～17 段接缝以上约200mm

侧板 14～15 段接缝以上约200mm

T挡板着陆时

T挡板的第2段走廊附近

自内壁板上端2段上的桁架附近

内壁板上端下约 300mm

内壁板2～3段接头上约200mm

内壁板下端上约300mm

活塞着陆时

测点编号
⑬
⑫
⑪
⑩
⑨
⑧
⑦
⑥
⑤
④
③
②
①

图 7-52　活塞和 T 挡板密封间隙测点立面图

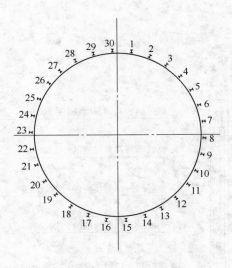

图 7-53   活塞和 T 挡板密封间隙测点平面图

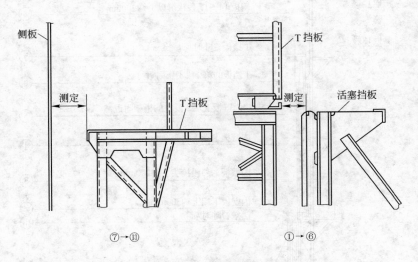

图 7-54   活塞和 T 挡板密封间隙测量位置

准备、确认事项：确认驱动用钢绳的涂脂及滑轮的回转；着地时的零点调整结束。

表 7-7　活塞和 T 挡板密封间隙测量记录　　　　（mm）

测定点 允许值 立柱号	内　密　封 活塞⟺T 挡板间						外　密　封 T 挡板⟺侧板间						
	①	②	③	④	⑤	⑥	⑦	⑧	⑨	⑩	⑪	⑫	⑬
	370 ± 145						370 ± 120						
1													
2													
3													
4													
5													
6													
7													
8													
9													
10													
11													
12													
13													
14													
15													
16													
17													
18													
19													
20													
21													
22													
23													
24													
25													
26													
27													
28													
29													
30													
活塞上升或下降							上升时						

测定点 允许值 立柱号	内 密 封						外 密 封						
	活塞 ⟷ T 挡板间						T 挡板 ⟷ 侧板间						
	①	②	③	④	⑤	⑥	⑦	⑧	⑨	⑩	⑪	⑫	⑬
	370 ± 145						370 ± 120						
1													
2													
3													
4													
5													
6													
7													
8													
9													
10													
11													
12													
13													
14													
15													
16													
17													
18													
19													
20													
21													
22													
23													
24													
25													
26													
27													
28													
29													
30													
活塞上升或下降							下降时						

表 7-8 煤气柜内压力测定步骤

柜容量/m³			活塞上行时柜内压力/kPa		活塞下行时柜内压力/kPa
$Q_2 + 7\Delta Q \approx Q_{max}$					
$Q_2 + 6\Delta Q$					
$Q_2 + 5\Delta Q$					
$Q_2 + 4\Delta Q$					
$Q_2 + 3\Delta Q$					
$Q_2 + 2\Delta Q$					
$Q_2 + \Delta Q$					
压力 变动区	止 Q_2 起 Q_1	起 Q_2 止 Q_1			
$Q_1 - \Delta Q$					

注：1. 柜内煤气压力测定时，要先测出压力变动区的 Q_1 及 Q_2 值；

2. 活塞刚刚把 T 挡板顶起时，此时的柜容量为 Q_2；

   活塞刚刚把 T 挡板卸掉时，此时的柜容量为 Q_1；

3. $\Delta Q = \dfrac{Q_{max} - Q_2}{7}$；

   式中，Q_{max} 为活塞行程达 100% 时的气柜容量，m³；

4. Q_1 很接近 Q_2，Q_1 与 Q_2 越是接近，说明煤气柜的安装精度越高。

实施要领：在活塞和 T 挡板的动作中实施；确认满量（活塞行程达 100% 时）现场指示盘及远传指示计的刻度指示并一致；确认各中间活塞位置时两种容量指示器的现场指示盘及远传指示计的刻度指示并一致；超声波式的送、受波器应调整到与反射板垂直。

判定标准：应圆滑动作。

7.25.2.11 CO 气检测器调整

在活塞的周边配置有 CO 气微含量检测器，它是在煤气柜运行过程中点检人员能否进入活塞以上空间工作的准入标志。只有当检测器的检测数据显示处于安全范围内，点检人员方可获准进入活塞以上空间工作。

CO 气检测器除按专业的要求调试外，在活塞走行试运转时，还应确认导管（活塞上的探测器和屋顶之间的联络管）在活塞的卷取装置上能否圆滑地卷取，根据需要应进行调整。

7.25.2.12 煤气柜气密性试验

准备事项：

（1）完成前述各项调整并达到判定标准。

（2）最靠近气柜的下述配管的水封阀应灌满水：

1）气柜入口的煤气配管；

2）气柜出口的煤气配管；

3）柜后煤气加压机防喘振旁通回流及该煤气代用气的保安流入配管。

（3）最靠近气柜的下述配管的主阀应关闭：

1）氮气配管；

2）给排水设备的给水配管；

3）给排水设备的排水配管。

（4）设置鼓风机，在鼓风机出口至煤气柜的送风管道上设置蝶阀、盲板。

（5）在活塞人孔上安装一个压力计、两个长度温度计。

（6）钢尺一把（粘在侧板上做测定用）。

注：若氮气能供给需要的量，则可用氮气进行气密试验，此时就可不必设置鼓风机及其配管。

实施要领：

（1）用鼓风机送入空气，容量鼓到最上一层防风梁处（约90%）左右（由外壳门能容易出入的位置）时停止送入空气，然后关闭鼓风机后的蝶阀，并在蝶阀与风机间设盲板，在盲板处（此时鼓风机已与送风管道断开）应用肥皂水确认不泄漏。

（2）在活塞位置稳定后确认容量（此时的测定值作为参考）。

（3）充入空气经过 24 小时左右开始正式测定（测定时间原则上在一天之内气温最稳定的日出前的同一时刻进行）。

（4）空气容量的测定是把 T 挡板顶梁的位置标记在侧板内侧，

把第一次（充入空气后第 2 天的位置）作为基准容量，以 T 挡板外径计算面积 A 乘以 T 挡板的变位量 H 后，就是相对于基准容量的可见容量的差 ΔV_t（参见图 7-55）。

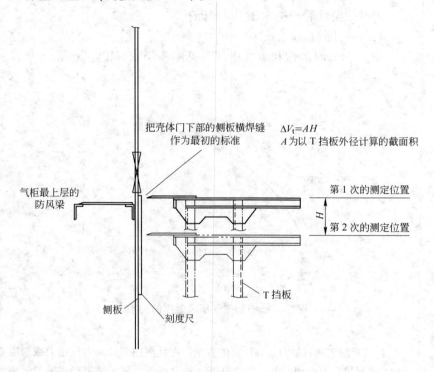

图 7-55 空气容量的测定

（5）可见容量的测定应在壳体门附近和与此对称的位置的两处进行，并取其平均值。

注：若用氮气进行气密试验时，也参考上述要领进行。

实际容量的计算：

实际容量（换算成 0℃、0.1MPa 时标准状态的容量）的计算按照下式。

$$V_n = \frac{V_t \times 273 \times (B + P - W)}{(273 + t) \times 0.1}$$

式中 V_n——实际容量（标态），m^3；

t——平均测定温度，℃；

B——大气压力，MPa；

P——换算后的柜内压力，MPa；

V_t——计测容量，m^3；

W——t℃时的饱和蒸气压（参见图 7-56），MPa。

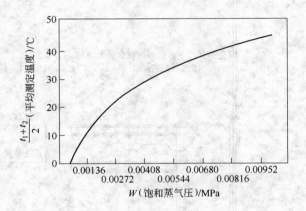

图 7-56 饱和蒸气压和温度的关系

注：气柜的实际容量为每日计算的容量。在计测期间如果大气压力或温度有变动，容量也产生变动。由于气象原因（如台风等）测定结果严重偏差时应延期试验。

判定标准：经过七昼夜的气柜泄漏率应小于 2%。

$$K = \frac{N_1 - N_7}{N_1} \times 100\%$$

式中 K——泄漏率；

N_1——初始容量（标态），m^3；

N_7——经过七昼夜后的容量（标态），m^3。

煤气柜气密性试验的测定数据填写于表 7-9 中。

表 7-9 气密性试验测定数据

测定时间		大气压 B /MPa	煤气柜内压力 P /MPa	测定温度		平均温度 $\dfrac{t_1+t_2}{2}$ /℃	$t(℃)$ 时的饱和蒸气压 W /MPa	计测容量 V_t /m³	$\dfrac{273}{273+t}$	$\dfrac{B+P-W}{0.1}$	实际容量 V_n (标态) /m³	容量变化量 ΔV (标态) /m³	泄漏率 $\dfrac{N_1-N_7}{N_1}$ ×100 /%
日/月	时			t_1 /℃	t_2 /℃								

以上工程为现场安装工程的第三期，即从密封膜组装到试运转调整完了为止。

8 第二代橡胶膜型煤气柜特征

8.1 第二代橡胶膜型煤气柜特征简介

橡胶膜型煤气柜在我国历经 20 年的时光，从引进、消化、吸收迈到创新，开创了橡胶膜型干式煤气柜的新纪元。今日的橡胶膜型煤气柜与昔日相比，已是面貌全非不可同日而语，它走在了世界水平前列。

第一代的橡胶膜型煤气柜的特征为"三无"，即无油润滑、无动力消耗、无人看管。正因为它具有"三无"特征，它获得了蓬勃的发展。

而如今迈入创新阶段的第二代橡胶膜型煤气柜的特征为"六无"。即除了老"三无"之外还加上新"三无"。这新"三无"是屋顶上面无调平钢绳及支架、活塞板无中央临时支柱、煤气放散管无切断水封。

8.2 屋顶上面无调平钢绳及支架

从前的橡胶膜型煤气柜（第一代），其调平钢绳及调平支架系设置在煤气柜屋顶上（调平支架又支承在侧板上）。一方面，对于北方地区，在屋顶上交叉的钢绳及伸到屋顶上的调平支架，构成了积雪的障碍物。加之屋顶的起拱角又仅 20°，这就不利于雪的风力吹除。另一方面，调平滑轮与钢绳处在长年的风吹、日晒、雨淋、雪冻的环境下，增加了维护工作量、降低了防腐年限和使用寿命。为了解决上述弊端，第二代橡胶膜型煤气柜是将调平装置改设于屋顶下做成内置型，不仅屋顶上面变得光滑了，且屋顶起拱角又从 20°提升至 30°，这有利于利用自然风力进行积雪的吹除，从而做到屋顶不积雪；调平装置由"户外"改为"户内"，不受气候变化的影响，工作环境改善了，维护工作量减少了，调平支架（户外）改为内置回廊（户内），悬吊于屋顶梁下，其油漆寿命至少延长一倍，即由 5 年提高到 10 年以上，这就减少了经营费用。

这一改进对结构重量带来什么影响，我们进行下面的实例比较。以 2 万 m³ 橡胶膜型煤气柜为例比较见表 8-1。

表 8-1 2 万 m³ 橡胶膜型煤气柜屋顶结构改进前后结构重量比较

改 进 前		改 进 后	
屋顶板、梁	66.4t	屋顶板、梁	73.5t
调平支架	19.8t	内置调平回廊	14.0t
		侧板增高 1.5m	6.3t
		立柱增高 1.5m	1.7t
共　计	86.2t	共　计	95.5t

比对上面的数据，改进后虽然多耗用 9.3t 钢材。但扣掉改进后为了增强屋顶板防腐能力将改进前的屋顶板厚 3.2mm 改为 4.0mm 多耗钢材 6.2t 后，实际上此项改进仅多耗用 3.1t 钢材。综合来看，多耗 3.1t 钢材换取工艺上巨大好处，这是再划算不过了。

8.3　活塞板无中央临时支柱

活塞临时支柱的作用是当检修底板或活塞板时，使临时支柱穿过活塞、撑起活塞，在活塞板下形成高 1.1m 的检修空间。

活塞临时支柱分两部分：一是活塞周边支柱；二是活塞中央支柱。

活塞周边支柱的根数为侧板立柱数的两倍。借用活塞挡板顶部环形走台下支承的环形轨道上的两个拉链葫芦分别在对称点吊起周边支柱，穿过混凝土挡墙后支承在煤气柜底板上，为半机械化作业。

活塞中央支柱数目就很多了。例如 3 万 m³、5 万 m³、8 万 m³ 煤气柜的中央临时支柱分别为 86 根、134 根、214 根。一方面，人工耗用多；另一方面，由于底板是球拱形的，临时支柱的下端就需要切弧，安装时要对准弧形。那么多支柱，做到每个对准，也是有难度的。这是一项既费工又费时的操作。这种落后的操作方式，显然与当前时代的高效、省力要求不相符合，改进它也是势在必行。

要使活塞检修省时省力，就需设法去掉中央临时支柱。要做到这一点就得将柔性结构的活塞板改为刚性结构的活塞板。即活塞中央拱形部分板由增设活塞梁来支承，而活塞梁则由混凝土挡墙来支承（混凝土挡墙由非受力结构改为受力结构）。2 万 m^3 煤气柜改进前后的结构重量变化比较见表 8-2。

表 8-2　2 万 m^3 煤气柜活塞板中央临时支柱改进前后结构重量变化

改 进 前		改 进 后	
活塞板	30.1t	活塞板（仅中央部分）	25.39t
活塞混凝土挡墙	15.1t	活塞梁	10.15t
		活塞混凝土挡墙	33.8t
共　计	45.2t	共　计	69.34t

由表可见，后者比前者多耗钢材 24.14t。

是要省钢材，还是要检修省时省力？追求高效，这是时代的要求。我们当然要选择后者。另外，我们有一套独有的设计方法，设计选用数据经由多方案优选确定，这里虽然多耗一些钢材，但是可以从别处省下来。这就促使我们坚定取消活塞中央临时支柱的创意。

如何使 T 挡板结构轻型化。一方面，它关系着柜内煤气压力波动的大小；另一方面，它关系着在提升该型煤气柜性能的同时能否使其结构重量不增加。如何获取轻型的 T 挡板呢？一是设法降低高度，这要在多方案比较中优选；二是将 T 挡板高度上的功能用足，例如外侧波纹板是从下到上不留空当地封闭 T 挡板；三是 T 挡板上部限位导辊翻到上面去；四是取消不太需要的中间走台。对比改进前后 T 挡板的示意图见图 8-1。

对比改进前后 2 万 m^3 煤气柜 T 挡板的结构重量见表 8-3。

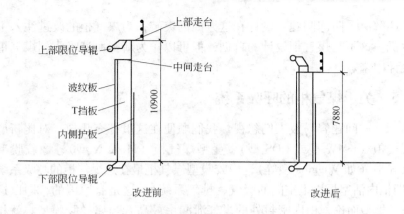

图 8-1　T 挡板的结构改进

表 8-3　2 万 m³ 煤气柜 T 挡板结构改进前后结构重量变化

改 进 前		改 进 后	
T 挡板	66.7t	T 挡板	40.7t
波纹板	19.7t	波纹板	24.2t
内壁护板	14.2t	内壁护板	8.8t
共 计	100.6t	共 计	73.7t

T 挡板改进后比改进前结构减重 26.9t，仅此一项改进就抵消了由于取消活塞中央支柱而引起的结构增重而且还有余。另外，柜内压力波动值由此项改进前的 77kgf/m² 降低至 46kgf/m²。该指标甚至低于 8 万 m³ 煤气柜的 50kgf/m² 的柜内压力波动值，此情况实属罕见。可见，这第二代橡胶膜型煤气柜的技术超群之处。

8.4　煤气放散管无切断水封

以前煤气放散管的切断方式多为水封式，搞水封式就要有给水系统和排水系统。例如第一代的 3 万 m³ 煤气柜，其与水封器相关的给水、排水系统约需 2t 钢材。此外，在寒冷的北方，防冻也是个问题。若将煤气放散管的切断方式改为机械式，即在切断蝶阀后加设盲板的方式。这样一来，给排水系统就没有了。也就是说，该型煤气柜达到了无水消耗。结果不但柜本体的重量减轻了，能源消耗也减少了，而且还解决了防冻问题。设计在这方面的突破，为煤气柜的改进注入了生机。这不是煤气柜设计的首创，但可以作为新鲜血液吸收到煤气柜设计中来。

8.5   关于煤气柜的呼吸系统

这一问题容易被人们忽视，我们顺便在这里补充几句。对比新型煤气柜（KMW 型或 COS 型）、曼型煤气柜（M. A. N 型）、橡胶膜型煤气柜（如 Wiggins 型等），橡胶膜型煤气柜最在意煤气柜的呼吸系统（即柜内活塞板以上空间的吸气、排气系统）。这是有原因的，即以这三种柜型而论，柜内密封处的煤气泄漏率最高者当属橡胶膜型。就相同柜容积而言，密封部位的总长度橡胶膜型柜大约为其他型柜的 3 倍多。橡胶膜型煤气柜若做到无泄漏，就目前的技术条件来看是不可能的。为了减少泄漏气体的危害，当前只能从两方面来改善：一是设法降低密封部位气体的泄漏；二是设法改善煤气柜的上部空气呼吸系统。

关于降低密封部位气体的泄漏：一是在满足工艺要求的前提下要尽可能地使柜内储气压力降低，因为在同样的采用螺栓紧固的状态下，储气压力越高，煤气泄漏量就越大，这是个常识问题。我们推荐设计压力为 3000Pa，对于生产厂方要求提高该压力值，我们都做了耐心说明。二是对橡胶膜采用螺栓紧固的上、下端，要求制造厂家采用等厚处理，避免橡胶膜由于许多纵向搭接缝的出现而引起紧固螺栓压紧厚度的不同造成压紧密实度的不同而出现密封效果的差异。

关于改善煤气柜的上部呼吸系统：一是侧板密封角钢以上不该有死空间出现。要达到此一状态，侧板最下排通风孔应靠近侧板密封角钢并处在密封角钢以上。二是我国的南北纬度相差较大，从而气温相差较大，空气的密度也相差较大，吸入同样体积的空气对柜内泄漏煤气的稀释效果也就存在差异。换言之，对于侧板上的通风孔开口尺寸南北不同纬度不应采用同一尺寸，北方地区可偏小一点，南方地区可偏大一点，为了一柜南北通用，侧板上通风孔的流通空气断面应采用可调式。

某院该型煤气柜最下排通风孔的孔底标高高出侧板密封角钢底面 14.45m，柜内煤气压力又高达 3500Pa。必然造成煤气泄漏量大，且通风能力不足，出现柜内有害气体含量超标，致使操作人员无法入内巡检,该型煤气柜势必无法维持长久安全运行。

8.6 两代橡胶膜型煤气柜的对比

3万 m³ 橡胶膜型煤气柜一代(1987 年版)与二代(2006 年版)的比较见表 8-4。

表 8-4 3万 m³ 橡胶膜型煤气柜一代(1987 年版)
与二代(2006 年版)**的比较**

序 号	项目名称	单位	一代(重庆钢设院)		二代(中石油吉林分院)	
			指标	效 果	指标	效 果
1	侧板全高	mm	32810		34300	+1490
2	侧板内径	mm	38200		38200	
3	活塞行程	mm	26000		26500	+500
4	调平装置组数		5		4	-1
5	煤气放散管	mm/根数	φ800/2		φ500/4	
6	有效储存容积	m³	29195		29829	+634
7	屋顶起拱角	(°)	19.1		30	
8	调平装置设置		屋顶上,外露	有积雪障碍	屋顶下、内置	无积雪障碍
9	活塞梁		无		有	
10	活塞板临时中央支柱	根数	86	检修费时费力	无	检修省时省力
11	T挡板高/重	mm/t	10368/116.2	柜内压力波动800Pa(80mm 水柱)	9319/97.32	柜内压力波动500Pa(50mm 水柱),-18.88t
12	煤气放散管切断方式		水封式	有水消耗,须防冻	机械式	无水消耗,不防冻
13	T挡板支架高/重	mm/t	5524/26.4		4850/18.2	-674/-8.2t
14	活塞挡板高/重	mm/t	5439/27.51		4850/34.06	-589/+6.55t
15	橡胶膜总面积	m²	1752		1629	-123
16	柜本体总重	t	854		783	-71t
17	特 征		无油润滑,无动力消耗,无人看管,有水消耗,有活塞中间支柱,检修费力,调平装置外置,屋顶有积雪障碍		无油润滑,无动力消耗,无人看管,无水消耗,无活塞中间支柱,检修省力,调平装置内置,屋顶无积雪障碍	

第二代橡胶膜型煤气柜的外形图及剖面图见图 8-2 和图 8-3。

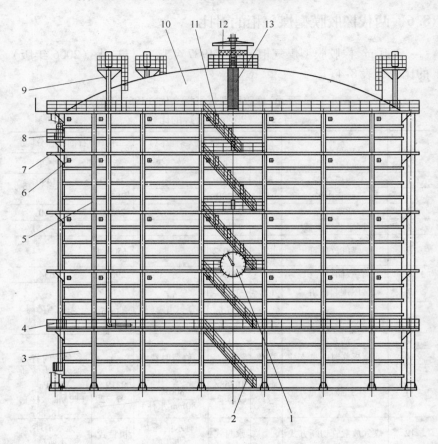

图 8-2   第二代橡胶膜型煤气柜外形图

1—容量指示器；2—斜梯；3—侧板；4—回廊；5—立柱；6—侧板换气孔；
7—防风梁；8—调平配重；9—燃气放散管；10—屋顶；
11—侧板门；12—中央通风孔；13—屋顶走廊

2 万 m³ 橡胶膜型煤气柜一代（2002 年版）与二代（2006 年版）的比较见表 8-5。

2 万 m³ 橡胶膜型煤气柜（第二代）已于 2007 年投产于河北省任丘市华北油田炼油厂，3 万 m³ 橡胶膜型煤气柜（第二代）已于 2008

活塞上浮至100%状态

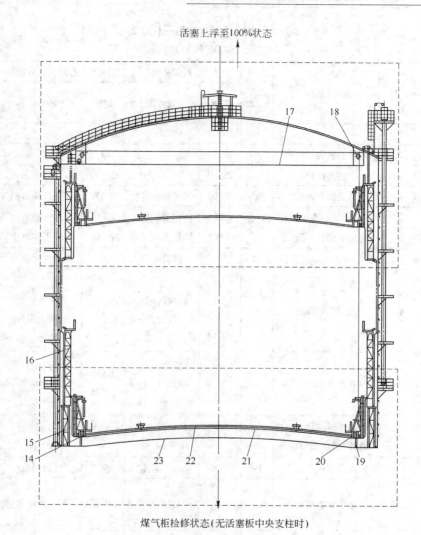

煤气柜检修状态(无活塞板中央支柱时)

图 8-3 第二代橡胶膜型煤气柜剖面图

14—活塞挡板；15—T 挡板支架；16—T 挡板；17—调平装置回廊；
18—调平钢绳；19—活塞周边支柱；20—活塞混凝土挡墙；
21—活塞梁；22—活塞板；23—底板

年投产于吉林省吉林市吉化炼油厂，效果都非凡。

表 8-5   2 万 m³ 橡胶膜型煤气柜一代（2002 年版）

与二代（2006 年版）比较

序 号	项目名称	单位	一代（鞍山某院）		二代（中石油吉林分院）	
			指标	效 果	指标	效 果
1	侧板全高	mm	36992		29000	
2	侧板内径	mm	34377		34377	
3	活塞行程	mm	29300		22000	
4	有效储存容积	m³	25603	超过公称容积	19239	接近公称容积
5	屋顶起拱角	(°)	20	抗积雪效果差	30	抗积雪效果好
6	调平装置布设		屋顶上	维护工作量大	屋顶下	维护工作量小
7	活塞板中央临时支柱	根	86	检修费时费力	0	检修省时省力
8	外壳防风梁间距	m	7.35；10.5；9.0；10.14	防风抗形变能力差	约6	防风抗形变能力强
9	T 挡板高/重	m/t	10.9/100.5	柜内压力波动 770Pa（77mm 水柱）	7.88/73.75	柜内压力波动 460Pa（46mm 水柱）
10	侧板最下排通风孔高出侧板密封角钢的距离	m	14.45	柜内死空间高度 14.45m	约0	柜内无煤气死空间
11	柜内最高煤气压力	Pa	3800	煤气泄漏量大	3000	煤气泄漏量小
12	调平装置组数		4 不对称布置	调平效果差	3 对称布置	调平效果好
13	煤气自动放散管切断方式		机械式	无水消耗	机械式	无水消耗
14	容量指示计类型		横列式	远视效果差	表盘式	远视效果好
15	橡胶膜耗用总面积	m²	1633		1232	约省 400m²
16	柜本体重量	t	约628		约595	约省 33t

从表 8-4 的分析可看出，第二代橡胶膜型煤气柜比第一代橡胶膜型煤气柜出现如下的技术进步与经济效益：

（1）活塞行程从 26.0m 增加到 26.5m；煤气有效储存容积从 29195m³ 增加到 29829m³，即煤气有效储存容积增加约 2%。

（2）活塞调平装置由外置式改为内置式，改善了调平钢绳及滑轮的工作环境，减少了维修成本；支承结构的涂漆寿命从 5 年延长到 10 年，约延长涂漆寿命一倍。

（3）光滑的柜顶加之增大了柜顶起拱角（由 19.1° 增加至 30°），达至柜顶无积雪障碍。这对北方降雪地区显得尤为可贵。

（4）活塞板无中央临时支柱，检修省时省力。

（5）采用轻型 T 挡板，柜内煤气压力波动由 800Pa 降至 500Pa，3 万 m³ 煤气柜居然达到了 8 万 m³ 煤气柜的指标。

（6）煤气放散管切断方式改水封式为机械式，使整个系统从有水消耗转为无水消耗，达到对外部水系零污染。

（7）密封橡胶膜使用量从 1752m² 降至 1629m²，节省外购费用 7%。

（8）柜本体总重从 854t 降至 783t，减少投资额 8.3%。

从表 8-5 的分析着手可以得出如下看法：

（1）这种煤气柜的煤气密封带长度约为油密封型煤气柜的 3.5 倍。煤气压力越高，其泄漏煤气量会越大。其采用煤气压力为 3800Pa，将比采用 3000Pa 的煤气柜的泄漏率会增加 27%。而前者设计的煤气死空间高度又高达 14.45m，煤气死空间高度高，意味着煤气柜活塞上部空间的空气流通不够。煤气泄漏率高，而空气稀释能力又不够，这必然导致空气中煤气浓度超标，造成操作人员无法入内巡检。这种设计无法保障安全操作。

（2）反观中石油吉林分院的设计。它的抗风能力强；抗积雪效果好；维修省时省力；柜内煤气压力波动小；活塞调平装置的调平效果好；无水消耗，对外部水系零污染；柜容量指示计远视效果好；耗用橡胶膜少，柜本体重量轻，建设投资少；安全性能好。它体现了第二代煤气柜的特征。

附　录

附表 1　橡胶膜型（Wiggins 型）煤气柜与湿式螺旋型煤气柜的综合比较

序号	项　目	单位	3 万 m³ 煤气柜		8 万 m³ 煤气柜	
			橡胶膜型	湿式螺旋型	橡胶膜型	湿式螺旋型
1	活塞最大升降速度	m/min	5	1	5	1
2	储气压力波动	Pa	800	1100	500	1220
3	适用地区最低温度	℃	−40	−5	−40	−5
4	一次油漆保用年限	年	5	2	5	2
5	壳体寿命	年	50~60	约30	50~60	约30
6	清灰操作		易	难	易	难
7	自动化管理		易	难	易	难
8	操作人员		无	9	无	9
9	补充水量①	万 m³/年	5.3	19.7	10.5	52.6
10	对外部水系的污染		无	有	无	有
11	柜本体耗钢量	t	854	614	1431	1086
12	柜本体投资	万元	769	497	1288	880
13	基础投资	万元	30	75	36	90
14	总投资②	万元	799	572	1324	970
15	经营费用	万元/年	24.2	107.04	49.2	209.2
16	超出投资返本期	年	2.74		2.21	

①橡胶膜型的补充水量还有进一步减少的可能，故能做到污水不外排，从而不污染外部水系。

②总投资额按 1992 年度的国内价格作参比。

附表2　第一代橡胶膜型（Wiggins型）干式煤气柜已投产系列各项性能

序号	项目名称	单位	8万 m³ 煤气柜	5万 m³ 煤气柜	3万 m³ 煤气柜
1	公称容积	m³	80000	50000	30000
2	储存容积	m³	83368	51923	30069
3	侧板内直径	m	58.0	47.746	38.2
4	侧板高度	m	39.07	35.491	32.81
5	活塞行程	m	31.554	29.0	26.236
6	立柱根数		30	25	20
7	活塞调平装置数		6	5	5
8	密封段数		2	2	2
9	柜内煤气压力波动值	Pa	2500~3000	2580~3000	2200~3000
10	回廊层数		3	3	3
11	T挡板限位导辊数[①]		上下各30	上下各25	上下各20
12	煤气事故放散管	直径/根数	φ800/4	φ800/3	φ800/2
13	底板排水管	直径/根数	φ100/6	φ100/2	φ100/3
14	煤气入口管外径×厚	mm	D3016×8	D2420×8	D1820×6
15	煤气出口管外径×厚	mm	D2012×6	D1420×6	D1220×6
16	回流、合成气体充入管外径×厚	mm	D2012×6	D1020×6	D1220×6
17	柜本体重量	t	1527	1084	854
18	柜本体投资[②]	万元	1303	925	729

① T挡板为连接内、外层密封橡胶膜的桁架构载体。

② 均按1989年度重庆地区的A3F钢板（GB 700—79）价格作参比。